高等数学（下册）导学教程
（第2版）

马 龙 赵恩良 主编

北京理工大学出版社
BEIJING INSTITUTE OF TECHNOLOGY PRESS

内容简介

本书从多侧面概括和总结了主教材（同济大学数学系主编的《高等数学（第八版）》）的知识点，以帮助学生更好地掌握基本概念、基本理论、基本技能和基本技巧．通过典型例题教会学生正确的解题方法，提高学生分析问题和解决问题的能力．同时适当考虑提高能力题，培养学生综合运用所学知识点的能力．

版权专有　侵权必究

图书在版编目（CIP）数据

高等数学（下册）导学教程 / 马龙，赵恩良主编.
2 版. -- 北京：北京理工大学出版社，2024.6.
ISBN 978-7-5763-4147-8
Ⅰ．O13
中国国家版本馆 CIP 数据核字第 20244UL545 号

责任编辑：孟祥雪　　　文案编辑：孟祥雪
责任校对：刘亚男　　　责任印制：李志强

出版发行 / 北京理工大学出版社有限责任公司
社　　址 / 北京市丰台区四合庄路 6 号
邮　　编 / 100070
电　　话 / (010) 68914026（教材售后服务热线）
　　　　　 (010) 68944437（课件资源服务热线）
网　　址 / http://www.bitpress.com.cn

版 印 次 / 2024 年 6 月第 2 版第 1 次印刷
印　　刷 / 涿州市新华印刷有限公司
开　　本 / 787 mm × 1092 mm　1/16
印　　张 / 7
字　　数 / 165 千字
定　　价 / 66.00 元

图书出现印装质量问题，请拨打售后服务热线，负责调换

前　　言

《高等数学（下册）导学教程（第 2 版）》是配套同济大学数学系主编的《高等数学（第八版）》编写的，对应于每一章节的内容，对知识点进行了概括性总结，并配有同步习题，主要面向理工科院校的学生，可作为配套练习使用，也可供使用该教材的教师作为教学参考.

本书的编写主要是为了满足广大工科、经济类、管理类等非数学专业的学生学习高等数学的需要，期望能对提高高等数学的教学质量有所助益，帮助学生掌握高等数学的基本知识.

本书按照教材的内容概括了知识点，并安排了相应的练习题，题型包括填空题、选择题、计算题和证明题. 本书以基础性习题为主，侧重基本概念、基本知识和基本技能的训练，突出教材重点、难点；同时，适当考虑了提高能力题，对学生提高综合运用知识点解题的能力有所帮助.

本书第八章由孙艳玲编写；第九章由缪淑贤编写；第十章由孙丽华编写；第十一章由孙常春编写；第十二章由徐启程和马龙合作编写. 全书由马龙负责统筹定稿，习题部分由朱宝艳和赵恩良统筹规划，内容部分由顾艳丽和赵恩良统稿，全书由徐厚生主审.

本书为 2022 年辽宁省一流本科课程"高等数学 1"和"高等数学 3"（辽教办〔2022〕251 号）的部分成果.

由于编者水平有限，疏漏之处在所难免，恳请广大读者批评指正.

编　者

目　录

第八章　向量代数与空间解析几何 ……………………………………………（ 1 ）
- 8.1　向量及其线性运算 …………………………………………………………（ 1 ）
- 8.2　数量积　向量积　*混合积 ………………………………………………（ 4 ）
- 8.3　平面及其方程 ………………………………………………………………（ 7 ）
- 8.4　空间直线及其方程 …………………………………………………………（ 9 ）
- 8.5　曲面及其方程 ………………………………………………………………（11）
- 8.6　空间曲线及其方程 …………………………………………………………（15）
- 习题课 …………………………………………………………………………（17）

第九章　多元函数微分法及其应用 ……………………………………………（21）
- 9.1　多元函数的基本概念 ………………………………………………………（21）
- 9.2　偏导数 ………………………………………………………………………（23）
- 9.3　全微分 ………………………………………………………………………（26）
- 9.4　多元复合函数的求导法则 …………………………………………………（28）
- 9.5　隐函数的求导公式 …………………………………………………………（30）
- 9.6　多元函数微分学的几何应用 ………………………………………………（32）
- 9.7　多元函数的极值及其求法 …………………………………………………（35）
- 习题课 …………………………………………………………………………（38）

第十章　重积分 …………………………………………………………………（40）
- 10.1　二重积分的概念与性质 …………………………………………………（40）
- 10.2　二重积分的计算法 ………………………………………………………（42）
- 10.3　三重积分 …………………………………………………………………（48）
- 10.4　重积分的应用 ……………………………………………………………（52）
- 习题课 …………………………………………………………………………（54）

第十一章　曲线积分与曲面积分 ………………………………………………（57）
- 11.1　对弧长的曲线积分 ………………………………………………………（57）
- 11.2　对坐标的曲线积分 ………………………………………………………（60）
- 11.3　格林公式及其应用 ………………………………………………………（64）
- 11.4　对面积的曲面积分 ………………………………………………………（67）
- 11.5　对坐标的曲面积分 ………………………………………………………（71）

11.6　高斯公式 ··· （74）
　　习题课 ··· （76）

第十二章　无穷级数 ··· （80）
12.1　常数项级数的概念和性质 ··· （80）
12.2　常数项级数的审敛法 ··· （82）
12.3　幂级数 ··· （87）
12.4　函数展开成幂级数 ··· （90）
　　习题课 ··· （93）

模拟试卷 ··· （96）

参考答案 ··· （97）

第八章　向量代数与空间解析几何

授课章节	第八章 向量代数与空间解析几何　8.1 向量及其线性运算
目的要求	理解向量的概念，掌握向量的线性运算，理解向量的分解与向量的坐标
重点难点	单位向量，方向余弦与方向角，向量的坐标表达式

主要内容：

一、基本概念

1. 空间直角坐标系：过空间一点的三个相互垂直的坐标轴构成的符合右手法则的坐标系称为空间直角坐标系.

2. 向量：既有大小又有方向的量称为向量（或矢量），可用小写的黑体字母来表示，如向量 a；也可以用 $\overrightarrow{AB}$ 表示，其中 A、B 分别为向量的起点和终点.

3. 向量的方向角和方向余弦：非零向量 r 与空间直角坐标系的三个坐标轴的夹角 α，β，γ 称为向量 r 的方向角，其余弦称为向量 r 的方向余弦.

4. 向量在向量上的投影：称 $|a|\cos\varphi$ 为向量 a 在向量 b 上的投影，记作 $\mathrm{Prj}_b a$，其中 $0 \leq \varphi \leq \pi$ 是向量 b 与向量 a 的夹角.

5. 向量 a 与 b 的和：设有两个向量 a 与 b，任取一点 A，作 $\overrightarrow{AB} = a$，再以 B 为起点，作 $\overrightarrow{BC} = b$，连接 AC，那么向量 $\overrightarrow{AC} = c$ 称为向量 a 与 b 的和，记作 $a+b$，即 $c = a + b$. 这种作出两向量之和的方法叫作向量相加的三角形法则.

6. 数乘向量：向量 a 与实数 λ 的乘积 λa，称为数乘向量，它的模为 $|\lambda a| = |\lambda||a|$，它的方向是当 $\lambda > 0$ 时与 a 相同，当 $\lambda < 0$ 时与 a 相反.

二、基本性质

$\cos^2\alpha + \cos^2\beta + \cos^2\gamma = 1$，其中 α，β，γ 为向量的方向角.

三、基本理论

1. 关于向量.

(1) 设向量 $a = (a_x, a_y, a_z)$，$b = (b_x, b_y, b_z)$，$c = (c_x, c_y, c_z)$，则 a 的模为 $|a| = \sqrt{a_x^2 + a_y^2 + a_z^2}$，$a$ 的方向余弦为

$$\cos\alpha = \frac{a_x}{\sqrt{a_x^2 + a_y^2 + a_z^2}}, \quad \cos\beta = \frac{a_y}{\sqrt{a_x^2 + a_y^2 + a_z^2}}, \quad \cos\gamma = \frac{a_z}{\sqrt{a_x^2 + a_y^2 + a_z^2}}$$

$a \pm b = (a_x \pm b_x, a_y \pm b_y, a_z \pm b_z)$，$\lambda a = (\lambda a_x, \lambda a_y, \lambda a_z)$（$\lambda$ 为实数）.

(2) 已知两点 $M_1 = (x_1, y_1, z_1)$ 和 $M_2 = (x_2, y_2, z_2)$，则向量
$$\overrightarrow{M_1 M_2} = (x_2 - x_1, y_2 - y_1, z_2 - z_1)$$

2. 关于空间解析几何.

> 两点 $M_1(x_1, y_1, z_1)$ 和 $M_2(x_2, y_2, z_2)$ 的距离
> $$d = \sqrt{(x_2-x_1)^2 + (y_2-y_1)^2 + (z_2-z_1)^2}$$
> 有向线段 $\overrightarrow{M_1M_2}$ 的 λ 分点 M 的坐标为 $\left(\dfrac{x_1+\lambda x_2}{1+\lambda}, \dfrac{y_1+\lambda y_2}{1+\lambda}, \dfrac{z_1+\lambda z_2}{1+\lambda}\right)$,其中$\lambda \neq -1$.

本次课作业：

1. 填空题：

(1) 已知平面上三点分别为 $A(1, 2, 3)$、$B(1, 0, 1)$ 和 $C(3, 3, 4)$,则 $\overrightarrow{AB} + 2\overrightarrow{AC} =$ _____；

(2) 设一向量的方向角依次为 α, β, γ,已知 $\alpha = 60°$,$\beta = 120°$,则 $\gamma =$ _____.

2. 设 $A = a + b + 2c$,$B = -a + 3b - c$,试用 a,b,c 表示 $4A - 4B$.

3. 求与 $a = (6, 7, -6)$ 同方向的单位向量.

4. 已知两点 $M_1(4, \sqrt{2}, 1)$ 和 $M_2(3, 0, 2)$，求向量 $\overrightarrow{M_1M_2}$ 的模、方向余弦和方向角.

5. 设 $A(2, 2, \sqrt{2})$ 和 $B(1, 3, 0)$ 是空间两点，求向量 $\overrightarrow{AB}$ 的坐标表达式、方向余弦和方向角.

授课章节	第八章 向量代数与空间解析几何　8.2 数量积　向量积　*混合积
目的要求	向量的数量积和向量积
重点难点	向量的数量积和向量积

主要内容：

一、基本概念

1. 两向量的数量积：两个向量 a 与 b 的模 $|a|$、$|b|$ 及它们的夹角 θ 的余弦的乘积，叫作向量 a 与 b 的数量积，记作 $a \cdot b$，即 $a \cdot b = |a||b|\cos\theta$.

2. 两向量的向量积：设 a 与 b 是两个向量，将下列方式确定的向量 c 称为 a 与 b 的向量积，记为 $c = a \times b$，c 的方向满足右手法则，垂直于 a 与 b 所决定的平面，$|c| = |a||b| \cdot \sin(\widehat{a,b})$.

*3. 三向量的混合积：$(a \times b) \cdot c$ 称为三向量的混合积，记为 $[abc]$.

二、基本性质

1. $a \cdot b = b \cdot a$，$a \cdot (b+c) = a \cdot b + a \cdot c$，$\lambda(a \cdot b) = (\lambda a) \cdot b = a \cdot (\lambda b)$.

2. $a \times b = -b \times a$，$a \times (b+c) = a \times b + a \times c$，$\lambda(a \times b) = (\lambda a) \times b = a \times (\lambda b)$.

3. $(a \times b) \cdot c = (b \times c) \cdot a = (c \times a) \cdot b$，$(a \times b) \cdot c = -(a \times c) \cdot b = -(c \times b) \cdot a = -(b \times a) \cdot c$.

三、基本理论

1. 设向量 $a = (a_x, a_y, a_z)$，$b = (b_x, b_y, b_z)$，$c = (c_x, c_y, c_z)$，则

$$a \cdot b = a_x b_x + a_y b_y + a_z b_z,\quad a \times b = \begin{vmatrix} i & j & k \\ a_x & a_y & a_z \\ b_x & b_y & b_z \end{vmatrix}$$

$$[abc] = (a \times b) \cdot c = \begin{vmatrix} a_x & a_y & a_z \\ b_x & b_y & b_z \\ c_x & c_y & c_z \end{vmatrix}$$

2. 向量积的几何意义：$|a \times b|$ 等于以 a，b 为邻边的平行四边形的面积. 即 $|a \times b| = |a||b|\sin\theta$，其中 θ 为 a，b 的夹角.

3. 混合积的几何意义：混合积的绝对值 $|[abc]|$ 等于以 a，b，c 为棱的平行六面体的体积.

4. 向量 $a \perp b$ 的充要条件是 $a \cdot b = 0$ 或 $a_x b_x + a_y b_y + a_z b_z = 0$.

向量 $a /\!/ b$ 的充要条件是 $a = \lambda b \Leftrightarrow \dfrac{a_x}{b_x} = \dfrac{a_y}{b_y} = \dfrac{a_z}{b_z}$.

向量 a, b, c 共面的充要条件是混合积 $[abc] = 0$.

本次课作业：

1. 填空题：

已知向量 $a = (1, -2, 2)$ 与 $b = (2, 3, \lambda)$ 垂直，则 $\lambda = $ _____ ；向量 $c = (1, 1, -2)$ 与 $d = (2, 2, \mu)$ 平行，则 $\mu = $ _____ .

2. 求下列向量的数量积：

(1) $a = (1, 0, 2)$ 与 $b = (2, 2, 1)$；

(2) $a = (3, 1, -2)$ 与 $b = (2, 1, 4)$.

3. 求下列向量的向量积：

(1) $a = (1, 0, -1)$ 与 $b = (1, 1, 0)$；

(2) $a = (1, 1, 2)$ 与 $b = (3, -1, 2)$.

4. 已知 $a = 2i - 3j + k$，$b = i - j + 3k$ 和 $c = i - 2j$，计算：

(1) $(a \cdot b)c - (a \cdot c)b$；

(2) $(a + b) \times (b + c)$.

5. 已知 $|a| = 4$，$|b| = 3$，$(\widehat{a,b}) = \dfrac{\pi}{6}$，求以向量 $a + 2b$ 和 $a - 3b$ 为边的平行四边形的面积.

授课章节	第八章 向量代数与空间解析几何　8.3 平面及其方程
目的要求	掌握平面方程及其求法，会利用平面的相互关系解决有关问题
重点难点	平面及其方程，平面方程的确立

主要内容：

一、平面方程

1. 点法式方程：$A(x-x_0)+B(y-y_0)+C(z-z_0)=0$，法向量为 $\boldsymbol{n}=(A,B,C)$，平面通过点 (x_0,y_0,z_0).

2. 一般式方程：$Ax+By+Cz+D=0$，法向量为 $\boldsymbol{n}=(A,B,C)$.

3. 截距式方程：$\dfrac{x}{a}+\dfrac{y}{b}+\dfrac{z}{c}=1$，其中 a，b，c 分别为平面在 x 轴，y 轴，z 轴上的截距.

4. 三点式：$\begin{vmatrix} x-x_1 & y-y_1 & z-z_1 \\ x_2-x_1 & y_2-y_1 & z_2-z_1 \\ x_3-x_1 & y_3-y_1 & z_3-z_1 \end{vmatrix}=0$，其中 $M_1(x_1,y_1,z_1)$，$M_2(x_2,y_2,z_2)$，$M_3(x_3,y_3,z_3)$ 为不共线的三点.

二、两平面的夹角公式

设两平面的法向量分别为 $\boldsymbol{n}_1=(A_1,B_1,C_1)$ 和 $\boldsymbol{n}_2=(A_2,B_2,C_2)$，则

$$\cos\theta=\frac{|\boldsymbol{n}_1\cdot\boldsymbol{n}_2|}{|\boldsymbol{n}_1|\cdot|\boldsymbol{n}_2|}=\frac{|A_1A_2+B_1B_2+C_1C_2|}{\sqrt{A_1^2+B_1^2+C_1^2}\sqrt{A_2^2+B_2^2+C_2^2}}\quad\left(0\leqslant\theta\leqslant\frac{\pi}{2}\right)$$

三、距离公式

1. 点到平面的距离：点 $M_0(x_0,y_0,z_0)$ 到平面 $Ax+By+Cz+D=0$ 的距离

$$d=\frac{|Ax_0+By_0+Cz_0+D|}{\sqrt{A^2+B^2+C^2}}$$

2. 两平行平面的距离，即一平面上任一点到另一平面的距离.

本次课作业：

1. 填空题：

设有平面 $x+my-2z-9=0$，则当

（1）它与平面 $2x+4y+3z=3$ 垂直时，$m=$ ＿＿＿＿；

（2）它与平面 $x+3y-2z-5=0$ 平行时，$m=$ ＿＿＿＿．

2. 求下列各平面的方程：
(1) 过点 $P(3, 0, -1)$ 且与平面 π：$3x - 7y + 5z - 12 = 0$ 平行；

(2) 过点 $P(1, 0, -1)$ 且与向量 $\boldsymbol{a} = (2, 1, 1)$ 和 $\boldsymbol{b} = (1, -1, 0)$ 都平行；

(3) 过点 $P(1, -1, 1)$ 且与平面 π_1：$x - y + z - 1 = 0$ 及 π_2：$2x + y + z + 1 = 0$ 垂直；

(4) 过点 $P(5, -7, 4)$，在三个坐标轴上的截距相等且不为零．

授课章节	第八章 向量代数与空间解析几何　8.4 空间直线及其方程
目的要求	掌握直线方程及其求法，会利用直线的相互关系解决有关问题
重点难点	空间直线及其方程，直线方程的确立

主要内容：

一、空间直线方程

1. 一般式：$\begin{cases} A_1x + B_1y + C_1z + D_1 = 0 \\ A_2x + B_2y + C_2z + D_2 = 0 \end{cases}$

2. 对称式（点向式）：$\dfrac{x-x_0}{m} = \dfrac{y-y_0}{n} = \dfrac{z-z_0}{p}$，其中$(x_0, y_0, z_0)$为直线上一点，方向向量为$\boldsymbol{s} = (m, n, p)$.

3. 参数式：$\begin{cases} x = x_0 + mt \\ y = y_0 + nt \\ z = z_0 + pt \end{cases}$ $(-\infty < t < +\infty)$，其中(x_0, y_0, z_0)为直线上一点，方向向量为$\boldsymbol{s} = (m, n, p)$.

4. 两点式：$\dfrac{x-x_1}{x_2-x_1} = \dfrac{y-y_1}{y_2-y_1} = \dfrac{z-z_1}{z_2-z_1}$，其中直线通过定点$(x_1, y_1, z_1)$和$(x_2, y_2, z_2)$.

二、两直线以及直线与平面的夹角公式

1. 两直线的夹角θ：设两直线的方向向量分别为$\boldsymbol{s}_1 = (m_1, n_1, p_1)$和$\boldsymbol{s}_2 = (m_2, n_2, p_2)$，则

$$\cos\theta = \frac{|\boldsymbol{s}_1 \cdot \boldsymbol{s}_2|}{|\boldsymbol{s}_1| \cdot |\boldsymbol{s}_2|} = \frac{|m_1m_2 + n_1n_2 + p_1p_2|}{\sqrt{m_1^2+n_1^2+p_1^2}\sqrt{m_2^2+n_2^2+p_2^2}} \quad \left(0 \leq \theta \leq \frac{\pi}{2}\right)$$

2. 直线与平面的夹角φ：设直线的方向向量为$\boldsymbol{s} = (m, n, p)$，平面的法向量为$\boldsymbol{n} = (A, B, C)$，$\boldsymbol{s}$与$\boldsymbol{n}$的夹角为$\theta$，则

$$\sin\varphi = \cos\theta = \frac{|\boldsymbol{s} \cdot \boldsymbol{n}|}{|\boldsymbol{s}| \cdot |\boldsymbol{n}|} = \frac{|Am + Bn + Cp|}{\sqrt{A^2+B^2+C^2}\sqrt{m^2+n^2+p^2}} \quad \left(0 \leq \theta \leq \frac{\pi}{2}\right)$$

三、距离公式

1. 点到直线的距离：设$M_0(x_0, y_0, z_0)$是直线L外一点，M是直线L上任意一点，且直线的方向向量为$\boldsymbol{s}$，则点M_0到直线L的距离为

$$d = \frac{|\overrightarrow{M_0M} \times s|}{|s|}$$

四、平面束方程

通过直线 $L: \begin{cases} A_1x + B_1y + C_1z + D_1 = 0 \\ A_2x + B_2y + C_2z + D_2 = 0 \end{cases}$ 的平面束方程为

$$\lambda(A_1x + B_1y + C_1z + D_1) + \mu(A_2x + B_2y + C_2z + D_2) = 0$$

其中 λ, μ 是任意常数，A_1，B_1，C_1 与 A_2，B_2，C_2 不成比例.

本次课作业：

1. 求过点 $P(4, -1, 3)$ 且平行于直线 $\dfrac{x-3}{2} = y = \dfrac{z-1}{5}$ 的直线方程.

2. 用对称式方程和参数式方程表示直线 $\begin{cases} x - y + z = 1 \\ 2x + y + z = 4 \end{cases}$.

3. 求过点 $P(1, 2, 3)$ 且与平面 $2x + y + 2z = 1$ 垂直的直线方程.

4. 求过点 $P(1, 1, 1)$ 且与两平面 $x + 2y - 1 = 0$，$y + 2z - 2 = 0$ 都平行的直线方程.

第八章 向量代数与空间解析几何

授课章节	第八章 向量代数与空间解析几何　8.5 曲面及其方程
目的要求	理解曲面方程的概念，了解空间曲面的参数方程和一般方程
重点难点	曲面及其方程

主要内容：

一、基本概念

1. 曲面方程：如果曲面 S 与三元方程 $F(x, y, z) = 0$ 有下述关系：曲面 S 上任意点的坐标都满足方程；不在曲面 S 上的点的坐标都不满足方程，则方程 $F(x, y, z) = 0$ 叫作曲面 S 的方程，曲面 S 叫作方程 $F(x, y, z) = 0$ 的图形.

2. 旋转曲面：一条平面曲线绕其平面上一条定直线旋转一周所形成的曲面叫作旋转曲面，该定直线称为旋转轴，旋转曲线叫作旋转曲面的母线.

3. 柱面：在空间，平行于定直线并沿定曲线 C 移动的直线 L 形成的轨迹叫作柱面，定曲线 C 叫作柱面的准线，动直线 L 叫作柱面的母线.

二、基本理论

1. 母线平行于坐标轴的柱面方程：

只含 x, y 而缺少 z 的方程 $F(x, y) = 0$，在空间直角坐标系中表示母线平行于 z 轴的柱面，其准线是 xOy 平面上的曲线

$$C: \begin{cases} F(x, y) = 0 \\ z = 0 \end{cases}$$

同理可知，只含 x, z 而缺 y 的方程 $G(x, z) = 0$ 和只含 y, z 而缺 x 的方程 $H(y, z) = 0$ 分别表示母线平行于 y 轴和 x 轴的柱面.

2. 常见的二次曲面及其方程：

(1) 球面：$(x-a)^2 + (y-b)^2 + (z-c)^2 = R^2$.

(2) 椭球面：$\dfrac{x^2}{a^2} + \dfrac{y^2}{b^2} + \dfrac{z^2}{c^2} = 1 \quad (a, b, c) > 0$.

(3) 单叶双曲面：$\dfrac{x^2}{a^2} + \dfrac{y^2}{b^2} - \dfrac{z^2}{c^2} = 1 \quad (a, b, c) > 0$.

(4) 双叶双曲面：$\dfrac{x^2}{a^2} + \dfrac{y^2}{b^2} - \dfrac{z^2}{c^2} = -1 \quad (a, b, c) > 0$.

(5) 椭圆抛物面：$\dfrac{x^2}{a^2} + \dfrac{y^2}{b^2} = \pm z$.

(6) 双曲抛物面（马鞍面）：$\dfrac{x^2}{a^2} - \dfrac{y^2}{b^2} = \pm z$, $z = xy$.

(7) 椭圆锥面：$\dfrac{x^2}{a^2}+\dfrac{y^2}{b^2}=z^2$.

(8) 二次柱面：$x^2+y^2=R^2$（圆柱面）；

$\dfrac{x^2}{a^2}+\dfrac{y^2}{b^2}=1$（$a$, b）>0（椭圆柱面）；

$\dfrac{x^2}{a^2}-\dfrac{y^2}{b^2}=1$（$a$, b）>0（双曲柱面）；

$x^2=2py$（抛物柱面）.

本次课作业：

1. 动点 $P(x, y, z)$ 与两定点 $A(2, 3, 1)$ 和 $B(4, 5, 6)$ 等距离，求该动点的轨迹方程.

2. 建立球心在点 $A(-1, -3, 2)$ 并过点 $B(1, -1, 1)$ 的球面方程.

3. 求下列各平面按指定轴旋转所成旋转曲面的方程：

(1) zOx 面上的抛物线 $z^2=5x$ 绕 x 轴；

(2) zOx 面上的圆 $x^2+z^2=9$ 绕 z 轴；

（3）xOy 面上的双曲线 $4x^2 - 9y^2 = 36$ 分别绕 x 轴及绕 y 轴．

4. 指出下列方程在平面解析几何和空间解析几何中分别表示什么图形：
（1）$y = x + 1$；
（2）$x^2 + y^2 = 4$；

（3）$x^2 - y^2 = 1$；
（4）$x^2 = 2y$；

（5）$x^2 + y^2 = 0$．

5. 说明下列旋转曲面是怎样形成的：
（1）$\dfrac{x^2}{4} + \dfrac{y^2}{9} + \dfrac{z^2}{9} = 1$；
（2）$(z - a)^2 = x^2 + y^2$．

6. 画出下列方程所表示的曲面：

(1) $-\dfrac{x^2}{4}+\dfrac{y^2}{9}=1$；

(2) $\dfrac{x^2}{9}+\dfrac{z^2}{4}=1$；

(3) $y^2-z=0$；

(4) $z^2=3(x^2+y^2)$；

(5) $z=\sqrt{x^2+y^2}$；

(6) $z=\sqrt{4-x^2-y^2}$.

授课章节	第八章 向量代数与空间解析几何 8.6 空间曲线及其方程
目的要求	了解空间曲线的参数方程和一般方程，了解空间曲线在坐标平面上的投影并求其方程
重点难点	空间曲线及其方程，空间曲线在坐标面上的投影

主要内容：

一、基本概念

空间曲线的一般方程：两个曲面 $F(x, y, z) = 0$ 和 $G(x, y, z) = 0$ 的交线方程可表示为 $\begin{cases} F(x, y, z) = 0 \\ G(x, y, z) = 0 \end{cases}$.

二、基本理论

1. 空间曲线的参数方程：将空间曲线 C 上动点的坐标 x, y, z 表示为参数 t 的函数 $\begin{cases} x = x(t) \\ y = y(t) \\ z = z(t) \end{cases}$，此方程组称为空间曲线 C 的参数方程．

2. 空间曲线在坐标面上的投影：设 $H(x, y) = 0$ 是由空间曲线方程 $C: \begin{cases} F(x, y, z) = 0 \\ G(x, y, z) = 0 \end{cases}$ 中消去 z 后所得的方程，则曲线 C 在 xOy 面上的投影曲线方程是 $C_1: \begin{cases} H(x, y) = 0 \\ z = 0 \end{cases}$．

本次课作业：

1. 画出下列曲线在第一卦限内的图形：

(1) $\begin{cases} x = 1 \\ y = 2 \end{cases}$；

(2) $\begin{cases} z = \sqrt{4 - x^2 - y^2} \\ x - y = 0 \end{cases}$；

(3) $\begin{cases} x^2 + y^2 = a^2 \\ x^2 + z^2 = a^2 \end{cases}$;   (4) $\begin{cases} z = \sqrt{1 - x^2 - y^2} \\ \left(x - \dfrac{1}{2}\right)^2 + y^2 = \left(\dfrac{1}{2}\right)^2 \end{cases}$.

2. 求旋转抛物面 $z = x^2 + y^2$ ($0 \leqslant z \leqslant 4$) 在 xOy 坐标面和 yOz 坐标面上的投影.

第八章　向量代数与空间解析几何

授课章节	第八章 向量代数与空间解析几何　习题课
目的要求	复习巩固第八章内容
重点难点	本章解题技巧和方法

主要内容：

1. 向量的概念；
2. 向量的线性运算；
3. 向量的数量积和向量积；
4. 三向量的混合积；
5. 两向量垂直、平行的条件；
6. 两向量的夹角；
7. 向量的坐标表达式及其运算；
8. 单位向量；
9. 方向角与方向余弦；
10. 曲面方程和空间曲线方程的概念；
11. 平面方程；
12. 直线方程；
13. 平面与平面、平面与直线、直线与直线的夹角以及平行、垂直的条件；
14. 点到平面和点到直线的距离；
15. 球面；
16. 柱面；
17. 旋转曲面；
18. 常用的二次曲面方程及其图形；
19. 空间曲线的参数方程和一般方程；
20. 空间曲线在坐标面上的投影曲线方程.

本次课作业：

1. 选择题：

(1) 设向量 $a \neq \mathbf{0}$，$b \neq \mathbf{0}$，则下列结论中正确的是（　　）；

(A) $a \times b = \mathbf{0}$ 是 a 与 b 垂直的充要条件

(B) $a \cdot b = 0$ 是 a 与 b 平行的充要条件

(C) a 与 b 的对应分量成比例是 a 与 b 平行的充要条件

(D) 若 $a = \lambda b$（λ 是常数），则 $a \cdot b = 0$

(2) 已知 $|a|=2$, $|b|=\sqrt{2}$, 且 $a \cdot b = 2$, 则 $|a \times b| = ($ $)$；

(A) 2   (B) $2\sqrt{2}$ (C) $\dfrac{\sqrt{2}}{2}$ (D) 1

(3) 方程 $x^2 + 4y^2 + 9z^2 = 36$ 表示的曲面是（   ）；

(A) 椭球面   (B) 旋转椭球面

(C) 椭圆柱面   (D) 双叶双曲面

(4) 方程 $\dfrac{x^2}{9} - \dfrac{y^2}{4} + z^2 = 1$ 表示的曲面是（   ）；

(A) 旋转双曲面   (B) 双叶双曲面

(C) 单叶双曲面   (D) 双曲柱面

(5) 若直线 $\begin{cases} 2x + y - 2z + 10 = 0 \\ 3x - 3y + z + 5a = 0 \end{cases}$ 与 x 轴相交，则常数 a 的值是（   ）.

(A) -6 (B) -1 (C) 3   (D) 无法确定

2. 已知向量 a 与 b 的夹角 $\alpha = 60°$，并且 $|a|=5$, $|b|=8$，求 $|a+b|$.

3. 已知向量 a 与 b 的夹角 $\alpha = 30°$，并且 $|a|=\sqrt{3}$, $|b|=4$，求 $|a-b|$.

4. 求下列各平面的方程：

(1) 过原点 O 和点 $A(1, 1, 1)$ 且与直线 $\dfrac{x-2}{3} = \dfrac{y-4}{-2} = \dfrac{z+3}{5}$ 平行；

(2) 过点 $A(2,1,1)$ 而与直线 L: $\begin{cases} x+2y-z-1=0 \\ 2x+y-z=0 \end{cases}$ 垂直；

(3) 通过直线 L: $\dfrac{x-2}{3}=\dfrac{y+1}{2}=\dfrac{z-2}{2}$，且垂直于平面 π: $x+3y+2z+7=0$.

5. 求下列直线的方程或直线与平面的交点：

(1) 过点 $A(-1,-4,3)$ 且与两直线 L_1: $\begin{cases} 2x+4y+z=1 \\ x+y=-5 \end{cases}$ 和 L_2: $\begin{cases} x=2+4t \\ y=-1-t \\ z=-3+2t \end{cases}$ 都垂直；

(2) 求直线 $L: \begin{cases} x = 1 + 2t \\ y = 2 - t \\ z = 2 + 3t \end{cases}$ 与平面 $\pi: x - 2y + z = \dfrac{5}{2}$ 的交点.

6. 画出下列各曲面所围成的立体图形:
(1) $x = 0$, $y = 0$, $z = 0$, $3x + 4y + 2z - 12 = 0$;

(2) $z = 6 - x^2 - y^2$, $z = \sqrt{x^2 + y^2}$;

(3) $z = \sqrt{2 - x^2 - y^2}$, $z = x^2 + y^2$.

授课章节	第九章 多元函数微分法及其应用 9.1 多元函数的基本概念
目的要求	了解多元函数的概念，理解多元函数的极限和连续性的概念，了解有界闭区域上连续函数的性质
重点难点	多元函数的有关概念，极限的计算

主要内容：

一、二元函数的定义

设 D 是 $\mathbf{R}^2$ 的一个非空子集，称映射 $f: D \to \mathbf{R}$ 为定义在 D 上的二元函数，通常记为
$$z = f(x, y), (x, y) \in D$$
或
$$z = f(P), P \in D$$
其中点集 D 称为该函数的定义域，x，y 称为自变量，z 称为因变量.

二、极限的定义

设二元函数 $f(P) = f(x, y)$ 的定义域为 D，$P_0(x_0, y_0)$ 是 D 的聚点. 如果存在常数 A，对于 $\forall \varepsilon > 0$，总 $\exists \delta > 0$，使得当点 $P(x, y) \in D \cap \mathring{U}(P_0, \delta)$ 时，都有 $|f(P) - A| = |f(x, y) - A| < \varepsilon$ 成立，则称常数 A 为函数 $f(x, y)$ 当 $(x, y) \to (x_0, y_0)$ 时的极限，记作
$$\lim_{(x,y) \to (x_0, y_0)} f(x, y) = A \text{ 或 } f(P) \to A (P \to P_0)$$

二元函数的极限也称为二重极限.

注意:

(1) 定义中 $(x, y) \to (x_0, y_0)$ 的方式是任意的.

(2) 二元函数的极限运算与一元函数有类似的极限运算法则.

三、连续的定义

设二元函数 $f(P) = f(x, y)$ 的定义域为 D，$P_0(x_0, y_0)$ 是 D 的聚点，且 $P_0 \in D$. 如果 $\lim\limits_{(x,y) \to (x_0, y_0)} f(x, y) = f(x_0, y_0)$，则称函数 $f(x, y)$ 在点 $P_0(x_0, y_0)$ 连续.

一切多元初等函数在其定义区域内都是连续的.

本次课作业：

1. 填空题：

(1) 函数 $z = \sqrt{x - \sqrt{y}}$ 的定义域是_____；

(2) 函数 $z = \ln(y-x) + \dfrac{\sqrt{x}}{\sqrt{1-x^2-y^2}}$ 的定义域是_____；

(3) 函数 $z = \dfrac{y^2+2x}{y^2-2x}$ 在_____是间断的；

(4) 函数 $f(x,y) = \begin{cases} (x+y)\cos\dfrac{1}{x}, & x \neq 0 \\ 0, & x = 0 \end{cases}$ 在点 $(0,0)$ 的连续性为_____.

2. 求下列极限：

(1) $\lim\limits_{(x,y)\to(1,2)} \dfrac{\sqrt{xy}}{x^2+y^2}$；

(2) $\lim\limits_{(x,y)\to(1,0)} \dfrac{\ln(x+e^y)}{\sqrt{x^2+y^2}}$；

(3) $\lim\limits_{(x,y)\to(2,0)} \dfrac{\sin(xy)}{y}$；

(4) $\lim\limits_{(x,y)\to(0,0)} \dfrac{2-\sqrt{xy+4}}{xy}$.

授课章节	第九章 多元函数微分法及其应用 9.2 偏导数
目的要求	理解二元函数偏导数的定义，掌握偏导数的求法，了解混合偏导数与求导次序无关的充分条件
重点难点	偏导数定义，偏导数计算

主要内容：

一、偏导数的定义

设函数 $z=f(x,y)$ 在点 (x_0, y_0) 的某一邻域内有定义，如果 $\lim\limits_{\Delta x \to 0} \dfrac{f(x_0+\Delta x, y_0)-f(x_0, y_0)}{\Delta x}$ 存在，则称此极限为函数 $z=f(x,y)$ 在点 (x_0, y_0) 处对 x 的偏导数，记作 $\dfrac{\partial z}{\partial x}\Big|_{\substack{x=x_0\\y=y_0}}$，$\dfrac{\partial f}{\partial x}\Big|_{\substack{x=x_0\\y=y_0}}$，$z_x\Big|_{\substack{x=x_0\\y=y_0}}$ 或 $f_x(x_0, y_0)$.

类似可定义 $z=f(x,y)$ 在点 (x_0, y_0) 处对 y 的偏导数.

如果函数 $z=f(x,y)$ 在区域 D 内每一点 (x,y) 处对 x 的偏导数都存在，则这个偏导数就是 x,y 的函数，它就称为函数 $z=f(x,y)$ 对自变量 x 的偏导函数，记作

$$\dfrac{\partial z}{\partial x}, \dfrac{\partial f}{\partial x}, z_x \text{ 或 } f_x(x,y)$$

类似可定义函数 $z=f(x,y)$ 对自变量 y 的偏导函数.

以后在不至于混淆的地方也把偏导函数简称为偏导数.

偏导数的计算：$z=f(x,y)$ 在点 (x,y) 处对 x 的偏导数，将 y 看作不变，将 $z=f(x,y)$ 看成 x 的函数，用一元函数求导法则即可求出 $\dfrac{\partial z}{\partial x}$.

二、高阶偏导数

若函数 $z=f(x,y)$ 在区域 D 内的一阶偏导数 z_x，z_y 的偏导数仍然存在，则称这些偏导数是函数 $z=f(x,y)$ 的二阶偏导数，记作

$$\dfrac{\partial}{\partial x}\left(\dfrac{\partial z}{\partial x}\right)=\dfrac{\partial^2 z}{\partial x^2}=f_{xx}(x,y), \quad \dfrac{\partial}{\partial y}\left(\dfrac{\partial z}{\partial x}\right)=\dfrac{\partial^2 z}{\partial x \partial y}=f_{xy}(x,y)$$

$$\dfrac{\partial}{\partial x}\left(\dfrac{\partial z}{\partial y}\right)=\dfrac{\partial^2 z}{\partial y \partial x}=f_{yx}(x,y), \quad \dfrac{\partial}{\partial y}\left(\dfrac{\partial z}{\partial y}\right)=\dfrac{\partial^2 z}{\partial y^2}=f_{yy}(x,y)$$

二阶及二阶以上的偏导数统称为高阶偏导数，高阶偏导数的求法与一阶偏导数的求法相类似.

注意：一般情况下二阶混合偏导数 $f_{xy}(x,y) \neq f_{yx}(x,y)$，但如果 $f_{xy}(x,y)$ 及 $f_{yx}(x,y)$ 在区域 D 内连续，则在 D 内有 $f_{xy}(x,y)=f_{yx}(x,y)$.

此结论说明二阶混合偏导数在连续的条件下与求导的次序无关. 此结论可用于抽象函数高阶偏导数的化简.

本次课作业：

1. 填空题：

（1）设 $z = \ln\tan\dfrac{x}{y}$，则 $\dfrac{\partial z}{\partial x} = $ _____，$\dfrac{\partial z}{\partial y} = $ _____；

（2）设 $u = x^y$，则 $u_x = $ _____，$u_y = $ _____；

（3）设 $f(x, y, z) = xy^2 + yz^2 + zx^2$，则 $\dfrac{\partial f}{\partial z} = $ _____，$\dfrac{\partial^2 f}{\partial z^2} = $ _____；

（4）曲线 $\begin{cases} z = \dfrac{x^2 + y^2}{4} \\ y = 4 \end{cases}$ 在点 (2, 4, 5) 处的切线对于 x 轴的倾角是 _____；

（5）设 $f(x, y) = x + (y - 1)\arcsin\sqrt{\dfrac{x}{y}}$，则 $f_x(x, 1) = $ _____．

2. 求下列函数的一阶偏导数 $\dfrac{\partial z}{\partial x}$，$\dfrac{\partial z}{\partial y}$：

（1）$z = \arctan\dfrac{y}{x} - \cos(xy^2)$；

（2）$z = e^{\frac{x}{y}}\sin(x + y)$．

3. 求下列函数的二阶偏导数 $\dfrac{\partial^2 z}{\partial x^2}$, $\dfrac{\partial^2 z}{\partial x \partial y}$, $\dfrac{\partial^2 z}{\partial y^2}$:

(1) $z = x^4 + y^3 - 4x^2 y$;

(2) $z = \arctan \dfrac{y}{x}$;

(3) $z = y^x$;

(4) $z = e^{x^2 + 2y}$.

授课章节	第九章 多元函数微分法及其应用　9.3 全微分
目的要求	理解二元函数全微分的概念，会求二元函数全微分，了解全微分存在的必要和充分条件
重点难点	全微分定义，全微分计算

主要内容：

一、全微分定义

如果函数 $z=f(x,y)$ 在点 (x,y) 的全增量可表示为 $\Delta z = A\Delta x + B\Delta y + o(\rho)$，其中 A, B 不依赖于 $\Delta x, \Delta y$ 而仅与 x, y 有关，$\rho = \sqrt{(\Delta x)^2+(\Delta y)^2}$，则称函数 $z=f(x,y)$ 在点 (x,y) 可微分，而 $A\Delta x + B\Delta y$ 称为函数 $z=f(x,y)$ 在点 (x,y) 的全微分，记作 $\mathrm{d}z$，即 $\mathrm{d}z = A\Delta x + B\Delta y$.

二、函数 $z=f(x,y)$ 在点 (x,y) 可微的条件

1. 必要条件：如果函数 $z=f(x,y)$ 在点 (x,y) 可微分，则该函数在点 (x,y) 的偏导数 $\dfrac{\partial z}{\partial x}, \dfrac{\partial z}{\partial y}$ 必定存在，且函数 $z=f(x,y)$ 在点 (x,y) 的全微分为 $\mathrm{d}z = \dfrac{\partial z}{\partial x}\mathrm{d}x + \dfrac{\partial z}{\partial y}\mathrm{d}y$.

2. 充分条件：如果函数 $z=f(x,y)$ 的偏导数 $\dfrac{\partial z}{\partial x}, \dfrac{\partial z}{\partial y}$ 在点 (x,y) 连续，则函数在该点可微分.

三、二元函数 $z=f(x,y)$ 连续、可偏导、可微三者之间的关系

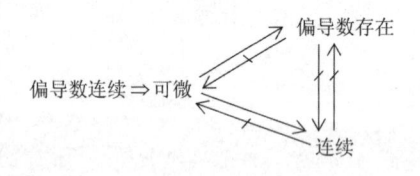

$$\text{偏导数连续} \Rightarrow \text{可微} \begin{cases} \Rightarrow \text{偏导数存在} \\ \Rightarrow \text{连续} \end{cases}$$

本次课作业：

1. 填空题：

(1) 设 $z = x^2 + 2xy - 3y^2$，则 $\mathrm{d}z = $ _____，$\mathrm{d}z\big|_{(1,0)} = $ _____；

(2) 设 $z = \mathrm{e}^{x-2y}$，则 $\mathrm{d}z = $ _____；

(3) 设 $z = xy + yt$，则 $\mathrm{d}z = $ _____．

2. 设函数 $z = \dfrac{y}{\sqrt{x^2+y^2}}$,求 dz.

3. 设函数 $u = \dfrac{s+t}{s-t}$,求 du.

4. 求函数 $u(x,y,z) = x^y y^z$ 的全微分.

授课章节	第九章 多元函数微分法及其应用　9.4 多元复合函数的求导法则
目的要求	会求复合函数的一阶、二阶导数
重点难点	复合函数求导，抽象复合求导，高阶导数

主要内容：

一、复合函数的求导法则

1. 一元函数与多元函数复合的情形.

如果函数 $u=\varphi(t)$，$v=\psi(t)$ 都在点 t 可导，函数 $z=f(u,v)$ 在对应点 (u,v) 具有连续偏导数，则复合函数 $z=f[\varphi(t),\psi(t)]$ 在点 t 可导，且

$$\frac{\mathrm{d}z}{\mathrm{d}t}=\frac{\partial f}{\partial u}\cdot\frac{\mathrm{d}u}{\mathrm{d}t}+\frac{\partial f}{\partial v}\cdot\frac{\mathrm{d}v}{\mathrm{d}t}$$

2. 多元函数与多元函数复合的情形.

如果函数 $u=\varphi(x,y)$，$v=\psi(x,y)$ 都在点 (x,y) 具有对 x 及对 y 的偏导数，函数 $z=f(u,v)$ 在对应点 (u,v) 具有连续偏导数，则复合函数 $z=f[\varphi(x,y),\psi(x,y)]$ 在点 (x,y) 的两个偏导数存在，且

$$\frac{\partial z}{\partial x}=\frac{\partial f}{\partial u}\cdot\frac{\partial u}{\partial x}+\frac{\partial f}{\partial v}\cdot\frac{\partial v}{\partial x},\quad\frac{\partial z}{\partial y}=\frac{\partial f}{\partial u}\cdot\frac{\partial u}{\partial y}+\frac{\partial f}{\partial v}\cdot\frac{\mathrm{d}v}{\mathrm{d}y}$$

3. 其他情形.

如果函数 $u=\varphi(x,y)$ 在点 (x,y) 具有对 x 及对 y 的偏导数，函数 $v=\psi(y)$ 在点 y 可导，函数 $z=f(u,v)$ 在对应点 (u,v) 具有连续偏导数，则复合函数 $z=f[\varphi(x,y),\psi(y)]$ 在点 (x,y) 的两个偏导数存在，且

$$\frac{\partial z}{\partial x}=\frac{\partial f}{\partial u}\cdot\frac{\partial u}{\partial x},\quad\frac{\partial z}{\partial y}=\frac{\partial f}{\partial u}\cdot\frac{\partial u}{\partial y}+\frac{\partial f}{\partial v}\cdot\frac{\mathrm{d}v}{\mathrm{d}y}$$

二、求导链式规则

复合函数因变量对自变量求导等于因变量对中间变量求导乘中间变量对自变量求导再作和.

本次课作业：

1. 填空题：

(1) 设 $z=\mathrm{e}^{x-2y}$，而 $x=\sin t$，$y=t^3$，则 $\dfrac{\mathrm{d}z}{\mathrm{d}t}=$ ＿＿＿＿＿＿＿＿＿＿＿；

(2) 设 $z=f(\sin x,\cos y,\mathrm{e}^{x-y})$，令 $u=\sin x$，$v=\cos y$，$w=\mathrm{e}^{x-y}$，则

$\dfrac{\partial z}{\partial x}=$ ＿＿＿＿＿＿＿＿＿＿＿，$\dfrac{\partial z}{\partial y}=$ ＿＿＿＿＿＿＿＿＿＿＿．

2. 设 $f(x, y) = e^{x^2 y}$,求 f_{xy}.

3. 设 $z = u^2 v - uv^2$,而 $u = x\cos y$,$v = x\sin y$,求 $\dfrac{\partial z}{\partial x}$,$\dfrac{\partial z}{\partial y}$.

4. 求解下列各题,其中 f 具有连续的二阶偏导数:

(1) 设 $z = f(u, v)$,$u = xe^y$,$v = x + y$,求二阶偏导数 $\dfrac{\partial^2 z}{\partial x^2}$;

(2) 设 $z = f\left(x, \dfrac{x}{y}\right)$,求二阶偏导数 $\dfrac{\partial^2 z}{\partial x \partial y}$,$\dfrac{\partial^2 z}{\partial y^2}$.

授课章节	第九章 多元函数微分法及其应用　9.5 隐函数的求导公式
目的要求	了解隐函数存在定理的条件与结论，会求一元隐函数的导数及多元隐函数的偏导数
重点难点	隐函数求导，方程组情形求导

主要内容：

一、一个方程隐函数的求导法则

1. 若 $F(x, y) = 0$ 确定隐函数 $y = f(x)$，则有 $\dfrac{dy}{dx} = -\dfrac{F_x}{F_y}$ $(F_y \neq 0)$.

2. 若 $F(x, y, z) = 0$ 确定隐函数 $z = f(x, y)$，则有

$$\frac{\partial z}{\partial x} = -\frac{F_x}{F_z}, \quad \frac{\partial z}{\partial y} = -\frac{F_y}{F_z} \quad (F_z \neq 0)$$

注意：在这里求 F_x，F_y，F_z 时，x，y，z 都视为自变量，也就是说 x，y，z 三者是相互独立的，不存在函数关系.

二、方程组隐函数的求导法则

由 3 个变量 2 个方程构成的方程组 $\begin{cases} F(x, y, z) = 0 \\ G(x, y, z) = 0 \end{cases}$ 确定的隐函数 $y = y(x)$，$z = z(x)$，方程两边同时对 x 求导得线性方程组

$$\begin{cases} F_x + F_y \cdot \dfrac{dy}{dx} + F_z \cdot \dfrac{dz}{dx} = 0 \\ G_x + G_y \cdot \dfrac{dy}{dx} + G_z \cdot \dfrac{dz}{dx} = 0 \end{cases}$$

解方程组，可得 $\dfrac{dy}{dx}$，$\dfrac{dz}{dx}$.

同理，可求由方程组 $\begin{cases} F(x, y, u, v) = 0 \\ G(x, y, u, v) = 0 \end{cases}$ 确定的隐函数 $u = u(x, y)$，$v = v(x, y)$ 的导数.

本次课作业：

1. 设 $\ln(x^2 + y^2) = \arctan \dfrac{y}{x}$，求 $\dfrac{dy}{dx}$.

2. 设 $\dfrac{x}{z} = \ln \dfrac{z}{y}$，求 $\dfrac{\partial z}{\partial x}$ 及 $\dfrac{\partial z}{\partial y}$.

3. 求下列隐函数的偏导数：

（1）设 $x^2 + y^2 + z^2 - 4z = 0$，求 $\dfrac{\partial z}{\partial x}$，$\dfrac{\partial z}{\partial y}$；

（2）设 $e^z - xyz = 0$，求 $\dfrac{\partial z}{\partial x}$，$\dfrac{\partial z}{\partial y}$；

（3）设 $e^{x+y} + xyz = e^x$，求 z_x，z_y.

4*. 已知 $\begin{cases} z = x^2 + y^2 \\ x^2 + 2y^2 + 3z^2 = 20 \end{cases}$，求 $\dfrac{dy}{dx}$，$\dfrac{dz}{dx}$.

授课章节	第九章 多元函数微分法及其应用　9.6 多元函数微分学的几何应用
目的要求	了解曲线的切线与法平面，了解曲面的切平面与法线、并会求它们的方程
重点难点	切平面，法线

主要内容：

一、空间曲线的切线和法平面

1. 参数方程情形．

空间曲线的参数方程为 $\begin{cases} x=\varphi(t) \\ y=\psi(t) \\ z=\omega(t) \end{cases}$，则曲线在点 $P_0(x_0, y_0, z_0)$ 处的切向量 $\boldsymbol{T}=(\varphi'(t_0), \psi'(t_0), \omega'(t_0))$，并且曲线在点 $P_0(x_0, y_0, z_0)$ 处的切线方程和法平面方程分别为

$$\frac{x-x_0}{\varphi'(t_0)}=\frac{y-y_0}{\psi'(t_0)}=\frac{z-z_0}{\omega'(t_0)}$$

$$\varphi'(t_0)(x-x_0)+\psi'(t_0)(y-y_0)+\omega'(t_0)(z-z_0)=0$$

2. 特殊情形．

空间曲线的方程为 $\begin{cases} y=\varphi(x) \\ z=\psi(x) \end{cases}$，取 x 为参数，则曲线在点 $P_0(x_0, y_0, z_0)$ 处的切向量 $\boldsymbol{T}=(1, \varphi'(x_0), \psi'(x_0))$，并且曲线在点 $P_0(x_0, y_0, z_0)$ 处的切线方程和法平面方程分别为

$$\frac{x-x_0}{1}=\frac{y-y_0}{\varphi'(x_0)}=\frac{z-z_0}{\psi'(x_0)}$$

$$(x-x_0)+\varphi'(x_0)(y-y_0)+\psi'(x_0)(z-z_0)=0$$

3. 一般方程情形．

空间曲线的方程为 $\begin{cases} F(x, y, z)=0 \\ G(x, y, z)=0 \end{cases}$，若取 x 为参数，则将方程的两边对 x 求导，可得曲线在点 $P_0(x_0, y_0, z_0)$ 的一个切向量 $\boldsymbol{T}=\left(1, \dfrac{\mathrm{d}y}{\mathrm{d}x}, \dfrac{\mathrm{d}z}{\mathrm{d}x}\right)\bigg|_{P_0}$，从而求得曲线在点 $P_0(x_0, y_0, z_0)$ 处的切线方程和法平面方程．

二、曲面的切平面和法线

1. 一般方程．

设曲面的方程为 $F(x, y, z)=0$，则曲面在点 $P_0(x_0, y_0, z_0)$ 处的法向量

$$\boldsymbol{n}=(F_x(x_0,\ y_0,\ z_0),\ F_y(x_0,\ y_0,\ z_0),\ F_z(x_0,\ y_0,\ z_0))$$

曲面在点 $P_0(x_0,\ y_0,\ z_0)$ 处的切平面方程和法线方程分别为

$$F_x(x_0,\ y_0,\ z_0)(x-x_0)+F_y(x_0,\ y_0,\ z_0)(y-y_0)+F_z(x_0,\ y_0,\ z_0)(z-z_0)=0$$

$$\frac{x-x_0}{F_x(x_0,\ y_0,\ z_0)}=\frac{y-y_0}{F_y(x_0,\ y_0,\ z_0)}=\frac{z-z_0}{F_z(x_0,\ y_0,\ z_0)}$$

2. 特殊情形.

设曲面的方程为 $z=f(x,\ y)$，可令 $F(x,\ y,\ z)=f(x,\ y)-z$，则曲面在点 $P_0(x_0,\ y_0,\ z_0)$ 处的法向量 $\boldsymbol{n}=(f_x(x_0,\ y_0),\ f_y(x_0,\ y_0),\ -1)$，并且曲面在点 $P_0(x_0,\ y_0,\ z_0)$ 处的切平面方程和法线方程分别为

$$f_x(x_0,\ y_0)(x-x_0)+f_y(x_0,\ y_0)(y-y_0)-(z-z_0)=0$$

$$\frac{x-x_0}{f_x(x_0,\ y_0)}=\frac{y-y_0}{f_y(x_0,\ y_0)}=\frac{z-z_0}{-1}$$

本次课作业：

1. 求解下列各题：

（1）求螺旋线 $x=a\cos\theta,\ y=a\sin\theta,\ z=b\theta$ 在点 $(a,\ 0,\ 0)$ 处的切线及法平面方程；

（2）求出曲线 $x=t,\ y=t^2,\ z=t^3$ 上的点，使在该点的切线平行于平面 $x+2y+z=4$；

(3)* 求曲线 $\begin{cases} x^2 + y^2 + z^2 = 14 \\ x + y^2 + z^3 = 8 \end{cases}$ 在点（3，2，1）处的切线和法平面方程.

2. 求解下列各题：

（1）求曲面 $e^z - z + xy = 3$ 在点（2，1，0）处的切平面及法线方程；

（2）求曲面 $z = xy$ 上一点，使这点处的法线垂直于平面 $x + 3y + z + 9 = 0$，写出该法线的方程.

授课章节	第九章 多元函数微分法及其应用 9.7 多元函数的极值及其求法
目的要求	理解多元函数极值和条件极值的概念，会求二元函数的极值，了解求条件极值的拉格朗日乘数法，会求解一些比较简单的最大值和最小值的应用问题
重点难点	多元函数极值概念的理解，条件极值应用题

主要内容：

一、多元函数极值的定义

1. 定义.

设函数 $z = f(x, y)$ 在点 $P_0(x_0, y_0)$ 的某邻域内有定义，如果对于该邻域内异于 $P_0(x_0, y_0)$ 的任意点 $P(x, y)$，恒有 $f(x, y) > f(x_0, y_0)$（或 $f(x, y) < f(x_0, y_0)$），则称 $f(x_0, y_0)$ 为函数 $f(x, y)$ 的极小值（或极大值），点 $P_0(x_0, y_0)$ 为函数 $f(x, y)$ 的极小值点（或极大值点）.

2. 函数取极值的必要条件.

若函数 $z = f(x, y)$ 在点 (x_0, y_0) 处有偏导数且有极值，则有 $f_x(x_0, y_0) = f_y(x_0, y_0) = 0$.

3. 函数取极值的充分条件.

若函数 $z = f(x, y)$ 在点 $P_0(x_0, y_0)$ 的某邻域内连续，且有一阶和二阶连续偏导数，又 $f_x(x_0, y_0) = f_y(x_0, y_0) = 0$，令 $f_{xx}(x_0, y_0, z_0) = A$，$f_{xy}(x_0, y_0, z_0) = B$，$f_{yy}(x_0, y_0, z_0) = C$，则函数在点 P_0 处当 $AC - B^2 > 0$ 时有极值，且当 $A < 0$ 时有极大值，当 $A > 0$ 时有极小值；当 $AC - B^2 < 0$ 时没有极值；当 $AC - B^2 = 0$ 时不能确定是否有极值.

二、条件极值

条件极值是指函数的自变量除受定义域约束外，还受其他条件限制的极值. 求解条件极值的方法如下：

（1）化为无条件极值；

（2）拉格朗日乘数法. 设目标函数为 $z = f(x, y)$，条件式为 $\varphi(x, y) = 0$，可令辅助函数为 $F(x, y) = f(x, y) + \lambda \varphi(x, y)$，其中 λ 为参数. 解其驻点方程组

$$\begin{cases} F_x = f_x(x, y) + \lambda \varphi_x(x, y) = 0 \\ F_y = f_y(x, y) + \lambda \varphi_y(x, y) = 0 \\ F_\lambda = \varphi(x, y) = 0 \end{cases}$$

由此方程组解出 x、y 及 λ，这样得到的 (x, y) 就是函数 $f(x, y)$ 在条件 $\varphi(x, y) = 0$ 下的可能的极值点.

注意：在解此类题时一定要注意简化目标函数.

三、最值问题

设函数 $z = f(x, y)$ 在闭区域 D 上连续，则 $z = f(x, y)$ 在 D 上必有最大值和最小值. 求最大值和最小值的过程与一元函数类似.

对于实际应用问题，如果根据问题的性质，知道函数 $z = f(x, y)$ 的最大值（最小值）一定在 D 的内部取得，而函数在 D 内只有一个驻点，那么可以肯定该驻点处的函数值就是函数 $z = f(x, y)$ 在 D 上的最大值（最小值）.

本次课作业：

1. 求函数 $f(x, y) = 4(x - y) - x^2 - y^2$ 的极值.

2. 将正数 12 分成三个正数 x，y，z 之和，使得 $u = x^3 y^2 z$ 为最大值.

3. 在上半球面 $x^2+y^2+z^2=1$ 及 $z=0$ 所围成的封闭曲面内，作一底面平行于 xOy 面的体积最大的内接长方体，试求该长方体的长、宽、高.

4. 在所有对角线之长为 d 的长方体中，问：长方体的长、宽、高怎样设计能使其体积最大？

授课章节	第九章 多元函数微分法及其应用 习题课
目的要求	复习巩固第九章内容
重点难点	本章解题技巧和方法

主要内容：

1. 多元函数的基本概念；
2. 偏导数；
3. 全微分；
4. 多元复合函数的求导法则；
5. 隐函数的求导公式；
6. 多元函数微分学的几何应用；
7. 多元函数的极值及其求法.

本次课作业：

1. 填空题：

（1）若函数 $f(x, y) = 2x^2 + ax + xy^2 + 2y$ 在点（1，-1）处取得极值，则常数 $a =$ _____；

（2）设 $z = \ln(y + \sqrt{x^2 + y^2})$，则 $\mathrm{d}z =$ _____；

（3）曲线 $x = \sin^2 t$，$y = \sin t$，$z = \cos t$ 在相应于 $t = \dfrac{\pi}{2}$ 的点处的切向量为 _____.

2. 设 $w = f(x-y, y-t, t-x)$，求 $\dfrac{\partial w}{\partial x}$，$\dfrac{\partial w}{\partial y}$，$\dfrac{\partial w}{\partial t}$，其中 f 具有一阶连续偏导数.

3. 设 $z = f(xe^y, x, y)$,其中 f 具有二阶连续偏导数,求 $\dfrac{\partial^2 z}{\partial x^2}$.

4. 求曲线 $\begin{cases} x^2 + y^2 = 2 \\ y^2 + z^2 = 2 \end{cases}$ 在点 (1,1,1) 处的切线和法平面方程.

5. 求曲面 $z = 2 + x^2 + 4y^2$ 在点 (1,0,3) 处的切平面和法线方程.

授课章节	第十章 重积分　10.1 二重积分的概念与性质
目的要求	掌握二重积分的定义和性质；了解二重积分的存在定理、几何及物理意义
重点难点	二重积分的性质

主要内容：

一、二重积分的定义

$$\iint\limits_D f(x,y)\,d\sigma = \lim_{\lambda \to 0}\sum_{i=1}^{n} f(\xi_i,\eta_i)\Delta\sigma_i$$

二、存在定理

当函数 $f(x,y)$ 在积分域 D 上连续时，$f(x,y)$ 在积分域 D 上可积.

三、二重积分的几何意义

当 $f(x,y) \geqslant 0$ 时，二重积分 $\iint\limits_D f(x,y)\,d\sigma$ 表示以 $z=f(x,y)$ 为曲顶，以 D 为底的曲顶柱体体积.

四、二重积分的物理意义

当 $f(x,y) \geqslant 0$ 时，二重积分 $\iint\limits_D f(x,y)\,d\sigma$ 表示面密度为 $f(x,y)$ 的平面薄片 D 的质量.

五、基本性质

设 $f(x,y)$、$g(x,y)$ 在 D 上可积，则二重积分有如下性质：

1. $\iint\limits_D [f(x,y) \pm g(x,y)]\,d\sigma = \iint\limits_D f(x,y)\,d\sigma \pm \iint\limits_D g(x,y)\,d\sigma$；

2. $\iint\limits_D kf(x,y)\,d\sigma = k\iint\limits_D f(x,y)\,d\sigma$（$k$ 为常数）；

3. $\iint\limits_D f(x,y)\,d\sigma = \iint\limits_{D_1} f(x,y)\,d\sigma + \iint\limits_{D_2} f(x,y)\,d\sigma$（$D$ 被分为两个区域 D_1 和 D_2）；

4. $\iint\limits_D d\sigma = A$（$A$ 为 D 的面积）；

5. 若在 D 上恒有 $f(x,y) \leqslant g(x,y)$，则 $\iint\limits_D f(x,y)\,d\sigma \leqslant \iint\limits_D g(x,y)\,d\sigma$；

6. （估值不等式）设 M 和 m 分别为 $f(x, y)$ 在闭区域 D 上的最大值与最小值，A 为 D 的面积，则

$$mA \leqslant \iint\limits_{D} f(x, y) \mathrm{d}\sigma \leqslant MA$$

7. （中值定理）设 $f(x, y)$ 在闭区域 D 上连续，A 为 D 的面积，则在 D 上至少存在一点 (ξ, η)，使

$$\iint\limits_{D} f(x, y) \mathrm{d}\sigma = f(\xi, \eta) A$$

本次课作业：

1. 填空题：

设 $I = \iint\limits_{D} f(x, y) \mathrm{d}\sigma$，

（1）若 $f(x, y) = x + y + 1$，D 为 $0 \leqslant x \leqslant 1$，$0 \leqslant y \leqslant 2$，则在 D 上 $f(x, y)$ 的最小值为 _____，最大值为 _____；由二重积分的性质可知，_____ $\leqslant I \leqslant$ _____；

（2）若 $f(x, y) = x^2 + y^2 + 9$，D 为 $x^2 + y^2 \leqslant 4$，则在 D 上 $f(x, y)$ 的最小值为 _____，最大值为 _____；由二重积分的性质可知，_____ $\leqslant I \leqslant$ _____；

（3）由二重积分的几何意义知：

$I_1 = \iint\limits_{x^2+y^2 \leqslant 4} \sqrt{4 - x^2 - y^2} \mathrm{d}\sigma =$ _____；$I_2 = \iint\limits_{|x|+|y| \leqslant 2} 3 \mathrm{d}\sigma =$ _____．

2. 选择题：

设 $I_1 = \iint\limits_{D} (x+y)^2 \mathrm{d}\sigma$，$I_2 = \iint\limits_{D} (x+y)^3 \mathrm{d}\sigma$，

（1）若 D 由 x 轴，y 轴与直线 $x + y = 1$ 围成，则在 D 上（ ）；

(A) $I_1 \geqslant I_2$ (B) $I_1 \leqslant I_2$

(C) $I_1 = I_2$

（2）若 D 由圆周 $(x-1)^2 + (y-1)^2 = \dfrac{1}{2}$ 围成，则（ ）．

(A) $I_1 \geqslant I_2$ (B) $I_1 \leqslant I_2$

(C) $I_1 = I_2$

授课章节	第十章 重积分　10.2 二重积分的计算法
目的要求	掌握二重积分的计算方法（直角坐标、极坐标）
重点难点	积分限的确定

主要内容：

一、二重积分的计算

1. 直角坐标系下计算二重积分.

(1) D 为 X—型域：$D\begin{cases}\varphi_1(x) \leqslant y \leqslant \varphi_2(x) \\ a \leqslant x \leqslant b\end{cases}$，则

$$\iint\limits_D f(x,y)\,d\sigma = \int_a^b dx \int_{\varphi_1(x)}^{\varphi_2(x)} f(x,y)\,dy$$

(2) D 为 Y—型域：$D\begin{cases}\psi_1(y) \leqslant x \leqslant \psi_2(y) \\ c \leqslant y \leqslant d\end{cases}$，则

$$\iint\limits_D f(x,y)\,d\sigma = \int_c^d dy \int_{\psi_1(y)}^{\psi_2(y)} f(x,y)\,dx$$

2. 极坐标系下计算二重积分.

积分域为 D：$\begin{cases}\varphi_1(\theta) \leqslant \rho \leqslant \varphi_2(\theta) \\ \alpha \leqslant \theta \leqslant \beta\end{cases}$，则

$$\iint\limits_D f(x,y)\,d\sigma = \int_\alpha^\beta d\theta \int_{\varphi_1(\theta)}^{\varphi_2(\theta)} f(\rho\cos\theta, \rho\sin\theta)\rho\,d\rho$$

二、二重积分的对称性定理

1. 积分域 D 关于 x 轴对称，$f(x,y)$ 为 y 的奇（偶）函数，则

$$\iint\limits_D f(x,y)\,d\sigma = \begin{cases}0 & f(x,y) \text{ 关于 } y \text{ 为奇函数，即 } f(x,-y) = -f(x,y) \\ 2\iint\limits_{D_1} f(x,y)\,d\sigma & f(x,y) \text{ 关于 } y \text{ 为偶函数，即 } f(x,-y) = f(x,y)\end{cases}$$

其中 D_1 为 D 的上半平面部分.

2. 如果积分域 D 关于 y 轴对称，$f(x,y)$ 为 x 的奇（偶）函数，则

$$\iint\limits_D f(x,y)\,d\sigma = \begin{cases}0 & f(x,y) \text{ 关于 } x \text{ 为奇函数，即 } f(-x,y) = -f(x,y) \\ 2\iint\limits_{D_1} f(x,y)\,d\sigma & f(x,y) \text{ 关于 } x \text{ 为偶函数，即 } f(-x,y) = f(x,y)\end{cases}$$

其中 D_1 为 D 的右半平面部分.

注意：正确地利用对称性定理可以简化计算. 当然要注意对称性定理使用的条件，只有当积分域 D 的对称性与被积函数 $f(x, y)$ 的奇偶性两者兼得时才能使用.

本次课作业：

1. 填空题：

(1) 改变积分次序 $\int_1^2 dx \int_0^{x-1} f(x, y) dy = $ _____；

(2) 改变积分次序 $\int_0^2 dy \int_0^{\sqrt{4-y^2}} f(x, y) dx = $ _____；

(3) 化二重积分 $I = \iint_D f(x, y) dxdy$ 为累次积分，其中积分区域 D 是由直线 $y = x$，$x = 2$ 以及双曲线 $y = \dfrac{1}{x}(x > 0)$ 所围成. 先对 y 后对 x _____；先对 x 后对 y _____；

(4) 设 $D: |x| \leq \pi$，$|y| \leq 1$，则 $\iint_D (x - \sin y) d\sigma = $ _____；

(5) 设 $D: -x \leq y$，$x^2 + y^2 \leq 1$，则 $\iint_D xy^3 d\sigma = $ _____；

(6) 设 D 为 $1 \leq x \leq 5$，$1 \leq y \leq x$，则应把二重积分 $I = \iint_D \dfrac{dxdy}{y\ln x}$ 化为先对 x 后对 y 的二次积分，其表达式为 _____；

(7) 若积分区域 D 是由曲线 $y = \sqrt{a^2 - x^2}$，$y = \sqrt{ax - x^2}$ 及 $y = 0$ 围成的闭区域（$a > 0$），则积分 $I = \iint_D f(x, y) dxdy$ 在极坐标系下的二次积分可表示为 _____.

2. 利用直角坐标计算下列二重积分：

(1) $I = \iint_D xy^2 dxdy$，其中 D 是顶点分别为 $(0, 0)$，$(\pi, 0)$ 和 (π, π) 的三角形闭区域；

(2) $I = \iint\limits_{D} y \mathrm{d}x\mathrm{d}y$,其中 D 是由横轴和曲线 $\begin{cases} y = 1 - t^2 \\ x = 2t \end{cases}$ ($-1 \leqslant t \leqslant 1$) 所围成的闭区域;

(3) 求积分 $I = \int_0^1 \mathrm{d}x \int_x^1 \mathrm{e}^{y^2} \mathrm{d}y$.

3. 利用极坐标计算下列各题:

(1) $I = \iint\limits_{D} \sin\sqrt{x^2 + y^2} \mathrm{d}x\mathrm{d}y$,其中 D 是圆形闭区域:$x^2 + y^2 \leqslant \pi^2$;

(2) $I = \iint\limits_{D} |xy| \, d\sigma$, 其中 D 由圆周 $x^2 + y^2 = a^2 (a > 0)$ 所围成;

(3) $I = \iint\limits_{D} (x^2 + y^2) \, dxdy$, 其中 D 是由圆周 $x^2 + y^2 = Rx$ 所围成的闭区域;

(4) $I = \iint\limits_{D} (x^2 + y^2 + 2x) \, dxdy$, 其中 $D = \{(x, y) | x^2 + y^2 \leqslant 2y\}$.

4. 利用二重积分求下列空间域的体积 V：

（1）由坐标平面及平面 $2x+3y+z=6$ 围成的立体；

（2）由曲面 $z=x^2+y^2$ 及 $z=6-x^2-y^2$ 围成的立体.

5. 利用二重积分求下列平面图形的面积 A：

（1）由曲线 $y=\sin x$，$y=\cos x$，$x=0$，$x=\dfrac{\pi}{4}$ 所围成的平面图形；

（2）由阿基米德螺线 $\rho = 2\theta(0 \leqslant \theta \leqslant 2\pi)$ 和极轴所围成图形.

6. 证明：$\int_a^b \mathrm{d}x \int_a^x f(y) \mathrm{d}y = \int_a^b f(x)(b-x) \mathrm{d}x.$

授课章节	第十章 重积分 10.3 三重积分
目的要求	掌握三重积分的计算方法（直角坐标、柱面坐标）
重点难点	选用不同的坐标系与方法计算三重积分

主要内容：

一、三重积分的定义

设 $f(x, y, z)$ 是定义在空间有界闭区域 Ω 上的有界函数，则三重积分定义为

$$\iiint_\Omega f(x, y, z)\mathrm{d}v = \lim_{\lambda \to 0} \sum_{i=1}^n f(\xi_i, \eta_i, \zeta_i)\Delta v_i$$

(1) 几何意义：当 $f(x, y, z) = 1$ 时，有 $V = \iiint_\Omega \mathrm{d}v$. ($V$ 为 Ω 体积)

(2) 物理意义：当 $f(x, y, z) \geq 0$ 时，表示密度为 $f(x, y, z)$ 的物体 Ω 的质量

$$M = \iiint_\Omega f(x, y, z)\mathrm{d}v$$

二、存在定理

当被积函数 $f(x, y, z)$ 在闭区域 Ω 上连续时，$f(x, y, z)$ 在 Ω 上可积.

三、基本性质

与二重积分类似.

四、三重积分的计算

1. 直角坐标系下计算三重积分.

(1) 先一后二法.

若 $\Omega = \{(x, y, z) | z_1(x, y) \leq z \leq z_2(x, y), (x, y) \in D_{xy}\}$，则

$$\iiint_\Omega f(x, y, z)\mathrm{d}v = \iint_{D_{xy}} \left[\int_{z_1(x,y)}^{z_2(x,y)} f(x, y, z)\mathrm{d}z\right]\mathrm{d}x\mathrm{d}y$$

其中 D_{xy}：$a \leq x \leq b$，$\varphi_1(x) \leq y \leq \varphi_2(x)$ 或者 D_{xy}：$c \leq y \leq d$，$\varphi_1(y) \leq x \leq \varphi_2(y)$.

(2) 先二后一法.

若 $\Omega = \{(x, y, z) | (x, y) \in D_z, c_1 \leq z \leq c_2, \}$，则

$$\iiint_\Omega f(x, y, z)\mathrm{d}v = \int_{c_1}^{c_2} \mathrm{d}z \iint_{D_z} f(x, y, z)\mathrm{d}x\mathrm{d}y$$

2. 柱面坐标系下计算三重积分.

若积分域 Ω 为：$z_1(\rho, \theta) \leq z \leq z_2(\rho, \theta)$，$\varphi_1(\theta) \leq \rho \leq \varphi_2(\theta)$，$\alpha \leq \theta \leq \beta$，则

$$\iiint\limits_{\Omega} f(x, y, z)\mathrm{d}x\mathrm{d}y\mathrm{d}z = \iiint\limits_{\Omega} f(\rho\cos\theta, \rho\sin\theta, z)\rho\mathrm{d}\rho\mathrm{d}\theta\mathrm{d}z$$

$$= \int_{\alpha}^{\beta}\mathrm{d}\theta\int_{\varphi_1(\theta)}^{\varphi_2(\theta)}\rho\mathrm{d}\rho\int_{z_1(\rho,\theta)}^{z_2(\rho,\theta)}f\mathrm{d}z$$

五、三重积分的对称性定理

若 Ω 关于 xOy 面对称，则

$$\iiint\limits_{\Omega}f(x, y, z)\mathrm{d}v = \begin{cases} 2\iiint\limits_{\Omega_1}f(x, y, z)\mathrm{d}v & \text{当}f(x, y, z)\text{关于}z\text{为偶函数} \\ 0 & \text{当}f(x, y, z)\text{关于}z\text{为奇函数} \end{cases}$$

其中，Ω_1 是 Ω 在 xOy 面上面的部分.

当 Ω 关于其他坐标面对称时有类似的结论.

本次课作业：

1. 填空题：

（1）设 Ω 由球面 $z = \sqrt{2-x^2-y^2}$ 与锥面 $z = \sqrt{x^2+y^2}$ 围成，则三重积分 $I = \iiint\limits_{\Omega}f(\sqrt{x^2+y^2+z^2})\mathrm{d}x\mathrm{d}y\mathrm{d}z$ 在直角坐标和柱面坐标系下分别可化为三次积分如下：

直角坐标系下：$I = \int\underline{\quad}\mathrm{d}x\int\underline{\quad}\mathrm{d}y\int\underline{\qquad\qquad\qquad\qquad}\mathrm{d}z$，

柱面坐标系下：$I = \int\underline{\quad}\mathrm{d}\theta\int\underline{\quad}\mathrm{d}\rho\int\underline{\qquad\qquad\qquad\qquad}\mathrm{d}z$；

（2）设 Ω 是平面 $z=0$，$z=y$，$y=1$ 以及抛物柱面 $y=x^2$ 所围成的闭区域，则三重积分 $I = \iiint\limits_{\Omega}xz\mathrm{d}x\mathrm{d}y\mathrm{d}z = \underline{\qquad\qquad\qquad\qquad}$；

（3）设 Ω 是由曲面 $z = 6-x^2-y^2$ 及 $z = \sqrt{x^2+y^2}$ 所围成的闭区域，则三重积分 $I = \iiint\limits_{\Omega}xyz\mathrm{d}x\mathrm{d}y\mathrm{d}z = \underline{\qquad\qquad\qquad\qquad}$.

2. 利用直角坐标解下列各题：

（1）将 $I = \iiint\limits_{\Omega} f(x, y, z) \mathrm{d}x\mathrm{d}y\mathrm{d}z$ 化为先对 z 次对 y 最后对 x 的三次积分，其中积分区域 Ω 由平面 $x + y + z = 2$，$x = 0$，$y = 0$，$z = 1$ 围成；

（2）求 $I = \iiint\limits_{\Omega} \sqrt{1 - x^2} \mathrm{d}x\mathrm{d}y\mathrm{d}z$，其中 Ω 为曲面 $x^2 + y^2 = 1$ 和平面 $z = 0$，$z = 1$ 所围成.

3. 利用先二后一法计算下列三重积分：

（1）$I = \iiint\limits_{\Omega} z\mathrm{d}x\mathrm{d}y\mathrm{d}z$，其中 Ω 是由曲面 $z = x^2 + y^2$ 以及平面 $z = 1$ 所围成的闭区域；

(2) $I = \iiint\limits_{\Omega} z^2 \mathrm{d}x\mathrm{d}y\mathrm{d}z$，其中 Ω 是由三个坐标面及平面 $x + 2y + z = 1$ 所围成的闭区域.

4. 利用柱面坐标计算下列三重积分：

(1) $I = \iiint\limits_{\Omega} \dfrac{\mathrm{d}x\mathrm{d}y\mathrm{d}z}{x^2 + y^2 + 1}$，其中 Ω 是由锥面 $x^2 + y^2 = z^2$ 以及平面 $z = 1$ 所围成的闭区域；

(2) $I = \iiint\limits_{\Omega} z\sqrt{x^2 + y^2}\mathrm{d}x\mathrm{d}y\mathrm{d}z$，其中 Ω 是由曲面 $y = \sqrt{2x - x^2}$，$z = 0$，$z = a(a > 0)$，$y = 0$ 所围成的闭区域；

(3) $I = \iiint\limits_{\Omega} (x^2 + y^2)\mathrm{d}v$，其中 Ω 是 $x^2 + y^2 \leqslant R^2$ 和 $0 \leqslant z \leqslant h$ 的公共部分.

授课章节	第十章 重积分　10.4 重积分的应用
目的要求	掌握利用重积分求曲面的面积、质心、转动惯量的方法
重点难点	元素法推广到重积分的应用

主要内容：

一、二重积分的应用

1. 曲面面积.

(1) 设光滑曲面 Σ：$z = z(x, y)$，Σ 在 xOy 面上投影为 D_{xy}，则曲面 Σ 的面积

$$A = \iint_{D_{xy}} \sqrt{1 + z_x^2 + z_y^2}\, dx dy$$

(2) 设光滑曲面 Σ：$x = x(y, z)$，Σ 在 yOz 面上投影为 D_{yz}，则曲面 Σ 的面积

$$A = \iint_{D_{yz}} \sqrt{1 + x_y^2 + x_z^2}\, dy dz$$

(3) 设光滑曲面 Σ：$y = y(x, z)$，Σ 在 xOz 面上投影为 D_{xz}，则曲面 Σ 的面积

$$A = \iint_{D_{xz}} \sqrt{1 + y_x^2 + y_z^2}\, dx dz$$

2. 薄片质量.

设平面薄片的面密度为 $\rho(x, y)$，薄片在 xOy 面上的占有区域为 D，则

$$M = \iint_D \rho(x, y)\, d\sigma$$

3. 薄片质心 $(\bar{x}, \bar{y})$.

$$\bar{x} = \frac{\iint_D x\rho(x, y)\, d\sigma}{\iint_D \rho(x, y)\, d\sigma},\quad \bar{y} = \frac{\iint_D y\rho(x, y)\, d\sigma}{\iint_D \rho(x, y)\, d\sigma}$$

4. 薄片关于 x 轴、y 轴及原点的转动惯量.

$$I_x = \iint_D y^2 \rho(x, y)\, d\sigma,\quad I_y = \iint_D x^2 \rho(x, y)\, d\sigma$$

$$I_O = \iint_D (x^2 + y^2)\rho(x, y)\, d\sigma$$

二、三重积分的应用

1. 空间物体的质量 $M = \iiint_\Omega \rho(x, y, z)\, dv$，其中 $\rho(x, y, z)$ 表示物体 Ω 密度.

2. 空间物体的质心 ($\bar{x}$, $\bar{y}$, $\bar{z}$).

$$\bar{x} = \frac{1}{M}\iiint\limits_{\Omega} x\rho(x, y, z)\mathrm{d}v, \quad \bar{y} = \frac{1}{M}\iiint\limits_{\Omega} y\rho(x, y, z)\mathrm{d}v$$

$$\bar{z} = \frac{1}{M}\iiint\limits_{\Omega} z\rho(x, y, z)\mathrm{d}v$$

3. 转动惯量.

$$I_x = \iiint\limits_{\Omega}(y^2 + z^2)\rho(x, y, z)\mathrm{d}v, \quad I_y = \iiint\limits_{\Omega}(x^2 + z^2)\rho(x, y, z)\mathrm{d}v$$

$$I_z = \iiint\limits_{\Omega}(x^2 + y^2)\rho(x, y, z)\mathrm{d}v, \quad I_O = \iiint\limits_{\Omega}(x^2 + y^2 + z^2)\rho(x, y, z)\mathrm{d}v$$

本次课作业:

1. 填空题:

将球面 $x^2 + y^2 + z^2 = a^2$ 含在柱面 $x^2 + y^2 = ax(a>0)$ 内部的面积表示成二重积分为

_____.

2. 求底圆半径相等的两个直交圆柱面 $x^2 + y^2 = R^2$ 及 $x^2 + z^2 = R^2$ 所围成立体的表面积.

3. 利用三重积分计算由曲面 $z = \sqrt{x^2 + y^2}$ 及 $z = x^2 + y^2$ 所围成的立体的体积.

授课章节	第十章 重积分 习题课
目的要求	复习巩固第十章内容
重点难点	本章解题技巧和方法

主要内容：

一、二重积分计算的基本方法、技巧

1. 选择坐标系. 当积分域为圆域（通常先考虑积分区域），被积函数中含有 x^2+y^2 时，一般选用极坐标计算，否则用直角坐标计算.

2. 选择积分次序. 先对哪个变量积分，对于极坐标系而言，一般先对 ρ 积分，后对 θ 积分；对于直角坐标系而言，根据积分域的类型即可确定.

3. 计算时注意运用好对称性定理，可简化计算.

二、三重积分计算的基本方法、技巧

1. 选择坐标系. 一般说来正确地选择坐标系计算，可使计算方便. 当积分域 Ω 是圆柱形域或 Ω 的投影域为圆域时，常用柱坐标计算，其他情况选择用直角坐标计算.

2. 选择积分次序. 根据每个坐标系的特点，合理地选取积分次序.

3. 计算时注意利用好对称性定理，可以简化计算.

三、重积分的应用

1. 几何应用.
(1) 体积.
①曲顶柱体的体积（二重积分）；
②空间立体的体积（三重积分）.
(2) 曲面的面积.
2. 物理应用.
(1) 质量；
(2) 质心；
(3) 转动惯量.

本次课作业：

1. 交换积分次序计算二重积分 $I = \int_0^1 dy \int_{\sqrt{y}}^1 e^{\frac{y}{x}} dx$.

2. 计算 $I = \iint\limits_D (x+y) d\sigma$，其中 D 由 $y = x^2$，$y = 4x^2$，$y = 1$ 围成.

3. 计算二次积分 $\int_0^1 dx \int_{\sqrt{1-x^2}}^{\sqrt{4-x^2}} e^{x^2+y^2} dy + \int_1^2 dx \int_0^{\sqrt{4-x^2}} e^{x^2+y^2} dy$.

4. 计算 $I = \iiint\limits_{\Omega} (x^2 + y^2) dv$,其中 Ω 是由 $z = \dfrac{x^2}{2}$ 绕 z 轴旋转而成的曲面与平面 $z = 1$ 所围成的立体.

5. 计算 $I = \iiint\limits_{\Omega} z dv$,其中 Ω 是 $x^2 + y^2 + z^2 \leq 1$ 和 $z \geq 0$ 的公共部分.

6. 证明:$\int_0^a dy \int_0^y e^{m(a-x)} f(x) dx = \int_0^a (a-x) e^{m(a-x)} f(x) dx.$

授课章节	第十一章 曲线积分与曲面积分　11.1 对弧长的曲线积分
目的要求	理解对弧长的曲线积分的概念与性质，掌握对弧长曲线积分的计算，理解对弧长曲线积分的几何与物理意义及应用
重点难点	对弧长曲线积分的计算，在计算中参数方程的确定及直角坐标、极坐标、参数方程三种情形下曲线积分计算公式

主要内容：

一、对弧长的曲线积分的定义

设 L 为 xOy 面内一条光滑曲线弧，函数 $f(x, y)$ 在 L 上有界，用 L 上的点 M_1, M_2, $\cdots$, M_{n-1} 把 L 分成 n 个小段. 设第 i 个小段的长度为 Δs_i，又 (ξ_i, η_i) 为第 i 个小段上任意取定的一点，作乘积 $f(\xi_i, \eta_i) \cdot \Delta s_i$，并作和 $\sum_{i=1}^{n} f(\xi_i, \eta_i) \cdot \Delta s_i$. 如果当各小弧段的长度的最大值 $\lambda \to 0$ 时，这和的极限存在，则称此极限为函数 $f(x, y)$ 在曲线弧 L 上对弧长的曲线积分或第一类曲线积分，记作 $\int_L f(x, y) \mathrm{d}s$，即

$$\int_L f(x, y) \mathrm{d}s = \lim_{\lambda \to 0} \sum_{i=1}^{n} f(\xi_i, \eta_i) \cdot \Delta s_i.$$

二、对弧长的曲线积分的性质

1. $\int_L [f(x, y) \pm g(x, y)] \mathrm{d}s = \int_L f(x, y) \mathrm{d}s \pm \int_L g(x, y) \mathrm{d}s$；

2. $\int_L k f(x, y) \mathrm{d}s = k \int_L f(x, y) \mathrm{d}s$（$k$ 为常数）；

3. $\int_L f(x, y) \mathrm{d}s = \int_{L_1} f(x, y) \mathrm{d}s + \int_{L_2} f(x, y) \mathrm{d}s$（$L = L_1 + L_2$）.

三、对弧长的曲线积分的计算

设 $f(x, y)$ 在曲线弧 L 上有定义且连续，L 的参数方程为 $\begin{cases} x = \phi(t) \\ y = \psi(t) \end{cases}$，$(\alpha \leq t \leq \beta)$，其中 $\phi(t)$，$\psi(t)$ 在 $[\alpha, \beta]$ 上具有一阶连续导数，则

$$\int_L f(x, y) \mathrm{d}s = \int_\alpha^\beta f[\phi(t), \psi(t)] \sqrt{\phi'^2(t) + \psi'^2(t)} \mathrm{d}t \quad (\alpha < \beta)$$

其他情形：

(1) L：$y = \psi(x)$，$a \leq x \leq b$，则

$$\int_L f(x,y)\,\mathrm{d}s = \int_a^b f[x,\psi(x)]\sqrt{1+\psi'^2(x)}\,\mathrm{d}x \quad (a<b);$$

(2) L：$x=\phi(y)$，$c\leqslant y\leqslant d$，则

$$\int_L f(x,y)\,\mathrm{d}s = \int_c^d f[\phi(y),y]\sqrt{1+\phi'^2(y)}\,\mathrm{d}y \quad (c<d);$$

(3) Γ：$x=\phi(t)$，$y=\psi(t)$，$z=\omega(t)$，$\alpha\leqslant t\leqslant\beta$，则

$$\int_\Gamma f(x,y,z)\,\mathrm{d}s = \int_\alpha^\beta f[\phi(t),\psi(t),\omega(t)]\cdot\sqrt{\phi'^2(t)+\psi'^2(t)+\omega'^2(t)}\,\mathrm{d}t \quad (\alpha<\beta).$$

本次课作业：

1. 填空题：

(1) 设 L 为 xOy 平面内一条曲线弧，用对弧长的曲线积分表示 L 的长度 $s=$ _____ ；

(2) 设 L 为圆周 $x^2+y^2=1$，则 $\oint_L (2xy+x^2+y^2)\,\mathrm{d}s=$ _____ .

2. 计算 $I=\int_L y\,\mathrm{d}s$，其中 L 是第一象限的单位圆周：$x^2+y^2=1$，$x\geqslant 0$，$y\geqslant 0$.

3. 计算 $I=\int_L \mathrm{e}^{\sqrt{x^2+y^2}}\,\mathrm{d}s$，其中 L 是线段：$y=x\left(0\leqslant x\leqslant\dfrac{\sqrt{2}}{2}\right)$.

4. 计算 $I = \oint_L \sqrt{x^2 + y^2}\,\mathrm{d}s$，其中 L 是圆周：$x^2 + y^2 = 2x$.

5. 计算 $I = \int_\Gamma y\,\mathrm{d}s$，其中 Γ：$x = 1$，$y = t$，$z = \dfrac{1}{2}t^2$ $(0 \leq t \leq 1)$.

6. 计算 $I = \int_\Gamma x\,\mathrm{d}s$，其中 Γ 是由原点 $O(0, 0, 0)$ 到点 $A(1, 1, 1)$ 的线段.

授课章节	第十一章 曲线积分与曲面积分　11.2 对坐标的曲线积分
目的要求	理解对坐标的曲线积分的概念与性质，掌握对坐标的曲线积分的计算，掌握两类曲线积分之间的联系
重点难点	对坐标的曲线积分与曲线的方向有关；对坐标的曲线积分计算中，积分上下限的确定

主要内容：

一、对坐标的曲线积分的概念

设 L 为 xOy 面内从点 A 到点 B 的一条有向光滑曲线弧，函数 $P(x, y)$，$Q(x, y)$ 在 L 上有界。用 L 上的点 $M_1(x_1, y_1)$，$M_2(x_2, y_2)$，$\cdots$，$M_{n-1}(x_{n-1}, y_{n-1})$ 把 L 分成 n 个有向小弧段 $M_{i-1}M_i(i=1, 2, \cdots, n; M_0=A, M_n=B)$。设 $\Delta x_i = x_i - x_{i-1}$，$\Delta y_i = y_i - y_{i-1}$，点 (ξ_i, η_i) 为 $M_{i-1}M_i$ 上任意取定的点。如果当各小弧段长度的最大值 $\lambda \to 0$ 时，$\sum\limits_{i=1}^{n} P(\xi_i, \eta_i)\Delta x_i$ 的极限存在，则称此极限为函数 $P(x, y)$ 在有向曲线弧 L 上对坐标的曲线积分（或称第二类曲线积分），记作

$$\int_L P(x, y)\mathrm{d}x = \lim_{\lambda \to 0}\sum_{i=1}^{n} P(\xi_i, \eta_i)\Delta x_i$$

类似地，定义 $\int_L Q(x, y)\mathrm{d}y = \lim\limits_{\lambda \to 0}\sum\limits_{i=1}^{n} Q(\xi_i, \eta_i)\Delta y_i$。其中 $P(x, y)$，$Q(x, y)$ 叫作被积函数；L 叫作积分弧段。

二、对坐标的曲线积分的性质

1. 如果把 L 分成 L_1 和 L_2，则

$$\int_L P\mathrm{d}x + Q\mathrm{d}y = \int_{L_1} P\mathrm{d}x + Q\mathrm{d}y + \int_{L_2} P\mathrm{d}x + Q\mathrm{d}y$$

2. 设 L 是有向曲线弧，L^- 是与 L 反方向的有向曲线弧，则

$$\int_{L^-} P(x, y)\mathrm{d}x + Q(x, y)\mathrm{d}y = -\int_L P(x, y)\mathrm{d}x + Q(x, y)\mathrm{d}y$$

即对坐标的曲线积分与曲线的方向有关。

三、对坐标的曲线积分的计算

设 $P(x, y)$，$Q(x, y)$ 在曲线弧 L 上有定义且连续，L 的参数方程为 $\begin{cases} x = \phi(t) \\ y = \psi(t) \end{cases}$，当参数 t 单调地由 α 变到 β 时，点 $M(x, y)$ 从 L 的起点 A 沿 L 运动到终点 B，$\phi(t)$，$\psi(t)$

在以 α 及 β 为端点的闭区间上具有一阶连续导数，且 $\phi'^2(t) + \psi'^2(t) \neq 0$，则曲线积分 $\int_L P(x,y)dx + Q(x,y)dy$ 存在，且

$$\int_L P(x,y)dx + Q(x,y)dy = \int_\alpha^\beta \{P[\phi(t),\psi(t)]\phi'(t) + Q[\phi(t),\psi(t)]\psi'(t)\}dt$$

其他情形：

（1）L：$y = y(x)$，x 起点为 a，终点为 b，则

$$\int_L P(x,y)dx + Q(x,y)dy = \int_a^b \{P[x,y(x)] + Q[x,y(x)]y'(x)\}dx$$

（2）L：$x = x(y)$，y 起点为 c，终点为 d，则

$$\int_L P(x,y)dx + Q(x,y)dy = \int_c^d \{P[x(y),y]x'(y) + Q[x(y),y]\}dy$$

（3）推广 Γ：$\begin{cases} x = \phi(t) \\ y = \psi(t) \\ z = \omega(t) \end{cases}$，$t$ 起点为 α，终点为 β，则

$$\int_\Gamma Pdx + Qdy + Rdz = \int_\alpha^\beta \{P[\phi(t),\psi(t),\omega(t)]\phi'(t) + Q[\phi(t),\psi(t),\omega(t)]\psi'(t) + R[\phi(t),\psi(t),\omega(t)]\omega'(t)\}dt$$

四、两类曲线积分之间的联系

设有向平面曲线弧为 L：$\begin{cases} x = \phi(t) \\ y = \psi(t) \end{cases}$，$L$ 上点 (x,y) 处的切线向量的方向角为 α，β，则

$$\int_L Pdx + Qdy = \int_L (P\cos\alpha + Q\cos\beta)ds$$

其中 $\cos\alpha = \dfrac{\phi'(t)}{\sqrt{\phi'^2(t) + \psi'^2(t)}}$，$\cos\beta = \dfrac{\psi'(t)}{\sqrt{\phi'^2(t) + \psi'^2(t)}}$。

推广到空间曲线上，设有向空间曲线弧 Γ：$\begin{cases} x = \phi(t) \\ y = \psi(t) \\ z = \omega(t) \end{cases}$，$\Gamma$ 上点 (x,y,z) 处的切线向量的方向角为 α，β，γ，则

$$\int_\Gamma Pdx + Qdy + Rdz = \int_\Gamma (P\cos\alpha + Q\cos\beta + R\cos\gamma)ds$$

本次课作业：

1. 计算 $I = \int_L (x+y^3)dx + (3x^2+2y^3)dy$，其中 L 是从点 $A(1, -1)$ 沿曲线 $y^2 = x$ 到点 $O(0, 0)$ 的弧段.

2. 计算 $I = \int_L (x^2+y^2)dx$，其中 L 是曲线 $y = 1 - |1-x|$ 上由点 $x=0$ 到点 $x=2$ 的部分.

3. 计算 $I = \int_L (-y)dx + xdy$，其中 L 是沿曲线 $y = \sqrt{1-x^2}$ 从点 $A(1, 0)$ 到点 $B(-1, 0)$ 的有向弧段.

4. 计算 $I = \oint_L \dfrac{(x+y)dx - (x-y)dy}{x^2 + y^2}$，其中 L 是圆周 $x^2 + y^2 = a^2$（按逆时针方向绕行）($a > 0$).

5. 计算 $I = \int_\Gamma dx - dy + ydz$，其中 Γ 是由点 $A(1, 0, 0)$ 到点 $B(0, 1, 0)$ 的线段.

授课章节	第十一章 曲线积分与曲面积分　11.3 格林公式及其应用
目的要求	了解连通区域的概念，理解二重积分与曲线积分的联系，掌握格林公式的应用，掌握曲线积分与路径无关的定义、条件
重点难点	格林公式应用，曲线积分与路径无关的判定，积分与路径无关的四个等价命题

主要内容：

一、格林公式

设闭区域 D 由分段光滑的曲线 L 围成，函数 $P(x, y)$ 及 $Q(x, y)$ 在 D 上具有一阶连续偏导数，则

$$\iint\limits_D \left(\frac{\partial Q}{\partial x} - \frac{\partial P}{\partial y}\right) dxdy = \oint_L Pdx + Qdy$$

其中，L 是 D 的取正向的边界曲线，上式叫作格林公式．

二、四个等价命题

在单连通开区域 D 上 $P(x, y)$，$Q(x, y)$ 具有连续的一阶偏导数，则以下四个命题成立．它们是等价命题．

(1) 在 D 内曲线积分 $\int_L Pdx + Qdy$ 与路径无关；

(2) $\oint_C Pdx + Qdy = 0$，闭曲线 $C \in D$；

(3) 在 D 内存在 $U(x, y)$，使 $du = Pdx + Qdy$；

(4) 在 D 内，$\dfrac{\partial P}{\partial y} = \dfrac{\partial Q}{\partial x}$ 恒成立．

本次课作业：

1. 计算 $I = \oint_L (-x^2 y)dx + xy^2 dy$，其中 L 为圆周 $x^2 + y^2 = 1$ 的正向．

2. 计算 $I = \oint_L e^x \arctan y \, dx + \left(\dfrac{e^x}{1+y^2} + 2x\right) dy$，其中 L 为圆周 $x^2 + y^2 = 3$ 的正向.

3. 计算 $I = \int_L (x + 2xy) \, dx + (x^2 + 2x + y^2) \, dy$，其中 L 是从点 $A(2, 0)$ 沿上半圆周 $y = \sqrt{2x - x^2}$ 到点 $O(0, 0)$ 的半圆周.

4. 计算 $I = \oint_L y \, dx + (x - 1) \, dy$，其中 L 是圆周 $x^2 + y^2 - 2y = 0$ 的正向.

5. 计算 $I = \int_L (x^2 + 2xy - y^2)dx + (x^2 - 2xy - y^2)dy$，其中 L 是从点 $O(0, 0)$ 沿 $y = \sin x$ 到点 $A(\pi, 0)$ 的弧段.

6. 计算 $I = \int_L e^x \sin y dx + (e^x \cos y - 1)dy$，其中 L 是沿上半圆 $y = \sqrt{x - x^2}$ 从点 $A(1, 0)$ 到点 $O(0, 0)$ 的弧段.

授课章节	第十一章 曲线积分与曲面积分　11.4 对面积的曲面积分
目的要求	理解对面积的曲面积分的概念、性质，掌握对面积的曲面积分的计算方法
重点难点	对面积的曲面积分的计算，曲面类型及投影区域的确定

主要内容：

一、对面积的曲面积分的定义

设曲面 Σ 是光滑的，函数 $f(x, y, z)$ 在 Σ 上有界，把 Σ 分成 n 小块 ΔS_i（ΔS_i 同时表示第 i 小块曲面的面积），设点 (ξ_i, η_i, ζ_i) 为 ΔS_i 上任意取定的点，作乘积 $f(\xi_i, \eta_i, \zeta_i) \cdot \Delta S_i$，并作和 $\sum_{i=1}^{n} f(\xi_i, \eta_i, \zeta_i) \Delta S_i$，如果当各小块曲面的直径的最大值 $\lambda \to 0$ 时，这和式的极限存在，则称此极限为函数 $f(x, y, z)$ 在曲面 Σ 上对面积的曲面积分或第一类曲面积分．记为 $\iint\limits_{\Sigma} f(x, y, z) \mathrm{d}S$，即

$$\iint\limits_{\Sigma} f(x, y, z) \mathrm{d}S = \lim_{\lambda \to 0} \sum_{i=1}^{n} f(\xi_i, \eta_i, \zeta_i) \Delta S_i$$

其中，$f(x, y, z)$ 叫作被积函数；Σ 叫作积分曲面．

二、对面积的曲面积分的性质

若 Σ 可分为分片光滑的曲面 Σ_1 及 Σ_2，则

$$\iint\limits_{\Sigma} f(x, y, z) \mathrm{d}S = \iint\limits_{\Sigma_1} f(x, y, z) \mathrm{d}S + \iint\limits_{\Sigma_2} f(x, y, z) \mathrm{d}S$$

三、对面积的曲面积分的计算

按照曲面的不同情况分为以下三种情形．

1. 若曲面 Σ：$z = z(x, y)$，则 $\iint\limits_{\Sigma} f(x, y, z) \mathrm{d}S = \iint\limits_{D_{xy}} f[x, y, z(x, y)] \cdot \sqrt{1 + z_x^2 + z_y^2} \mathrm{d}x \mathrm{d}y$．

其中，D_{xy} 为积分曲面 Σ 在 xOy 面上的投影．（保证投影无重点且投影区域面积不为 0）

2. 若曲面 Σ：$y = y(x, z)$，则 $\iint\limits_{\Sigma} f(x, y, z) \mathrm{d}S = \iint\limits_{D_{xz}} f[x, y(x, z), z] \cdot \sqrt{1 + y_x^2 + y_z^2} \mathrm{d}x \mathrm{d}z$．其中，$D_{xz}$ 为积分曲面 Σ 在 zOx 面上的投影．

3. 若曲面 Σ：$x = x(y, z)$，则 $\iint\limits_{\Sigma} f(x, y, z) \, dS = \iint\limits_{D_{yz}} f[x(y, z), y, z] \cdot \sqrt{1 + x_y^2 + x_z^2} \, dy dz$.

其中，D_{yz} 为积分曲面 Σ 在 yOz 面上的投影.

本次课作业：

1. 填空题：

（1）设 Σ 为一空间曲面，则用曲面积分表示该曲面的面积为 $A =$ _____；

（2）设 Σ 是球面 $x^2 + y^2 + z^2 = a^2$（$a > 0$）在第一卦限的部分，则对面积的曲面积分 $\iint\limits_{\Sigma} (x^2 + y^2 + z^2) \, dS =$ _____；

（3）设 Σ 为平面 $x + y + z = 2$ 在第一卦限中的部分，则 $\iint\limits_{\Sigma} (x + y + z) \, dS =$ _____；

（4）设 Σ 为平面 $x - y + z = 1$ 在第四卦限部分的上侧，则 $\iint\limits_{\Sigma} (x - y + z) \, dS =$ _____；

（5）设 Σ 是球面 $x^2 + y^2 + z^2 = a^2$（$a > 0$），则曲面积分 $\iint\limits_{\Sigma} (x^2 + y^2) z \, dS =$ _____.

2. 计算 $I = \iint\limits_{\Sigma} (\sqrt{2} + \sqrt{z^2 - x^2 - y^2}) \, dS$，其中 Σ 是锥面 $z = \sqrt{x^2 + y^2}$ 被平面 $z = 1$ 所截得的有限部分.

3. 计算 $I = \iint\limits_{\Sigma}(x^2+y^2)\mathrm{d}S$,其中 Σ 为锥面 $z=\sqrt{x^2+y^2}$ 被平面 $z=1$ 所截得的有限部分.

4. 计算 $I = \iint\limits_{\Sigma} z\mathrm{d}S$,其中 Σ 是球面 $x^2+y^2+z^2=a^2(a>0)$ 在第一卦限的部分.

5. 计算 $I = \iint\limits_{\Sigma}(3x - 2y + 5z)\mathrm{d}S$，其中 Σ 是球面 $x^2 + y^2 + z^2 = 4$ 上满足 $z \geq 1$ 的部分.

6. 求抛物面 $z = \dfrac{1}{2}(x^2 + y^2)$ $(0 \leq z \leq 1)$ 的面积.

授课章节	第十一章 曲线积分及曲面积分　11.5 对坐标的曲面积分
目的要求	理解对坐标的曲面积分的概念及性质，掌握对坐标的曲面积分的计算方法，掌握两类曲面积分之间的联系
重点难点	对坐标的曲面积分的计算，曲面的侧的确定

主要内容：

一、对坐标的曲面积分的定义

设 Σ 为光滑的有向曲面，函数在 Σ 上有界，把 Σ 分成 n 块小曲面 ΔS_i（ΔS_i 同时又表示第 i 块小曲面的面积），ΔS_i 在 xOy 面上的投影为 $(\Delta S_i)_{xy}$，(ξ_i, η_i, ζ_i) 是 ΔS_i 上任意取定的一点，如果当各小块曲面的直径的最大值 $\lambda \to 0$ 时，$\lim\limits_{\lambda \to 0} \sum\limits_{i=1}^{n} R(\xi_i, \eta_i, \zeta_i)(\Delta S_i)_{xy}$ 存在，则称此极限为函数 $R(x, y, z)$ 在有向曲面 Σ 上对坐标 x，y 的曲面积分（也称第二类曲面积分），记作 $\iint\limits_{\Sigma} R(x, y, z) dxdy$，即

$$\iint\limits_{\Sigma} R(x, y, z) dxdy = \lim\limits_{\lambda \to 0} \sum\limits_{i=1}^{n} R(\xi_i, \eta_i, \zeta_i)(\Delta S_i)_{xy}$$

类似可定义

$$\iint\limits_{\Sigma} P(x, y, z) dydz = \lim\limits_{\lambda \to 0} \sum\limits_{i=1}^{n} P(\xi_i, \eta_i, \zeta_i)(\Delta S_i)_{yz}$$

$$\iint\limits_{\Sigma} Q(x, y, z) dzdx = \lim\limits_{\lambda \to 0} \sum\limits_{i=1}^{n} Q(\xi_i, \eta_i, \zeta_i)(\Delta S_i)_{zx}$$

二、对坐标的曲面积分的性质

1. $\iint\limits_{\Sigma_1 + \Sigma_2} Pdydz + Qdzdx + Rdxdy$

$$= \iint\limits_{\Sigma_1} Pdydz + Qdzdx + Rdxdy + \iint\limits_{\Sigma_2} Pdydz + Qdzdx + Rdxdy$$

第 71 页

2.
$$\iint_{\Sigma^-} P(x, y, z)\mathrm{d}y\mathrm{d}z = -\iint_{\Sigma} P(x, y, z)\mathrm{d}y\mathrm{d}z$$

$$\iint_{\Sigma^-} Q(x, y, z)\mathrm{d}z\mathrm{d}x = -\iint_{\Sigma} Q(x, y, z)\mathrm{d}z\mathrm{d}x$$

$$\iint_{\Sigma^-} R(x, y, z)\mathrm{d}x\mathrm{d}y = -\iint_{\Sigma} R(x, y, z)\mathrm{d}x\mathrm{d}y$$

三、对坐标的曲面积分的计算

按照曲面的不同情况分为以下三种情形：

1. 若曲面 Σ：$z = z(x, y)$，则 $\iint_{\Sigma} R(x, y, z)\mathrm{d}x\mathrm{d}y = \pm \iint_{D_{xy}} R[x, y, z(x, y)]\mathrm{d}x\mathrm{d}y$. 其中 D_{xy} 为积分曲面 Σ 在 xOy 面上的投影（保证投影无重点），上侧取 $+$，下侧取 $-$.

2. 若曲面 Σ：$y = y(x, z)$，则 $\iint_{\Sigma} Q(x, y, z)\mathrm{d}z\mathrm{d}x = \pm \iint_{D_{zx}} Q[x, y(z, x), z]\mathrm{d}z\mathrm{d}x$. 其中 D_{xz} 为积分曲面 Σ 在 zOx 面上的投影，右侧取 $+$，左侧取 $-$.

3. 若曲面 Σ：$x = x(y, z)$，则 $\iint_{\Sigma} P(x, y, z)\mathrm{d}y\mathrm{d}z = \pm \iint_{D_{yz}} P[x(y, z), y, z]\mathrm{d}y\mathrm{d}z$. 其中 D_{yz} 为积分曲面 Σ 在 yOz 面上的投影，前侧取 $+$，后侧取 $-$.

本次课作业：

1. 计算 $I = \iint_{\Sigma} z\mathrm{d}x\mathrm{d}y$，其中：

（1）Σ 是圆锥面 $z = \sqrt{x^2 + y^2}$ 在 $0 \leqslant z \leqslant 1$ 之间部分的外侧表面；

（2）Σ 是半球面 $z = \sqrt{4 - x^2 - y^2}$ 的上侧.

2. 计算 $I = \iint\limits_{\Sigma} z\mathrm{d}x\mathrm{d}y + x^2\mathrm{d}y\mathrm{d}z$，其中 Σ 是圆柱面 $x^2 + y^2 = 1$ 被平面 $z = 0$ 及 $z = 3$ 所截得的在第一卦限内的部分曲面的前侧.

授课章节	第十一章 曲线积分及曲面积分　11.6 高斯公式
目的要求	掌握高斯公式
重点难点	利用高斯公式计算曲面积分，高斯公式使用的条件及方法

主要内容：

高斯公式：设空间闭区域 Ω 由分片光滑的闭曲面 Σ 围成，函数 $P(x, y, z)$、$Q(x, y, z)$、$R(x, y, z)$ 在 Ω 上具有一阶连续偏导数，则

$$\iiint_\Omega \left(\frac{\partial P}{\partial x} + \frac{\partial Q}{\partial y} + \frac{\partial R}{\partial z}\right)\mathrm{d}v = \oiint_\Sigma P\mathrm{d}y\mathrm{d}z + Q\mathrm{d}z\mathrm{d}x + R\mathrm{d}x\mathrm{d}y$$

或

$$\iiint_\Omega \left(\frac{\partial P}{\partial x} + \frac{\partial Q}{\partial y} + \frac{\partial R}{\partial z}\right)\mathrm{d}v = \oiint_\Sigma (P\cos\alpha + Q\cos\beta + R\cos\gamma)\mathrm{d}S$$

其中，Σ 是 Ω 的整个边界曲面的外侧；$\cos\alpha$，$\cos\beta$，$\cos\gamma$ 是 Σ 上点 (x, y, z) 处的法向量的方向余弦．

本次课作业：

1. 计算 $I = \oiint_\Sigma xz^2\mathrm{d}y\mathrm{d}z + (x^2 - z^3)\mathrm{d}z\mathrm{d}x + (2xy + y^2)\mathrm{d}x\mathrm{d}y$，其中 Σ 为上半球体 $0 \leqslant z \leqslant \sqrt{a^2 - x^2 - y^2}$ 的表面外侧（$a > 0$）．

2. 计算 $I = \oiint\limits_{\Sigma}(x-yz)\mathrm{d}y\mathrm{d}z + (2y-zx)\mathrm{d}z\mathrm{d}x + (3z-xy)\mathrm{d}x\mathrm{d}y$,其中 Σ 为由平面 $x=0$,$y=0$,$z=0$,$x=a$,$y=a$,$z=a$ 所围立体的表面外侧.

3. 计算 $I = \oiint\limits_{\Sigma}(x+1)\mathrm{d}y\mathrm{d}z + y\mathrm{d}z\mathrm{d}x + \mathrm{d}x\mathrm{d}y$,其中 Σ 是由平面 $x=0$,$y=0$,$z=0$,$x+y+z=1$ 所围成的空间区域的整个边界曲面的内侧.

4. 计算 $I = \iint\limits_{\Sigma}\mathrm{d}y\mathrm{d}z + \mathrm{d}z\mathrm{d}x + z^2\mathrm{d}x\mathrm{d}y$,其中 Σ 是圆锥面 $x^2+y^2=z^2$ $(0\leqslant z\leqslant h)$ 的下侧.

授课章节	第十一章 曲线积分与曲面积分　习题课
目的要求	复习巩固第十一章内容
重点难点	本章解题技巧和方法

主要内容：

曲线积分
- 对弧长的曲线积分
  - 定义：$\int_L f(x,y)\mathrm{d}S = \lim\limits_{\lambda\to 0}\sum\limits_{i=1}^{n} f(\xi_i,\eta_i)\cdot\Delta s_i$
  - 计算：$\int_L f(x,y)\mathrm{d}S = \int_\alpha^\beta f[\phi(t),\psi(t)]\sqrt{\phi'^2(t)+\psi'^2(t)}\mathrm{d}t$
- 联系：$\int_L P\mathrm{d}x+Q\mathrm{d}y = \int_L (P\cos\alpha+Q\cos\beta)\mathrm{d}s$
- 对坐标的曲线积分
  - 定义：$\int_L P(x,y)\mathrm{d}x+Q(x,y)\mathrm{d}y = \lim\limits_{\lambda\to 0}\sum\limits_{i=1}^{n}[P(\xi_i,\eta_i)\Delta x_i+Q(\xi_i,\eta_i)\Delta y_i]$
  - 计算：$\int_L P(x,y)\mathrm{d}x+Q(x,y)\mathrm{d}y = \int_\alpha^\beta\{P[\varphi(t),\psi(t)]\varphi'(t)+Q[\varphi(t),\psi(t)]\psi'(t)\}\mathrm{d}t$

曲面积分
- 对面积的曲面积分
  - 定义：$\iint\limits_\Sigma f(x,y,z)\mathrm{d}S = \lim\limits_{\lambda\to 0}\sum\limits_{i=1}^{n} f(\xi_i,\eta_i,\zeta_i)\Delta S_i$
  - 计算：$\iint\limits_\Sigma f(x,y,z)\mathrm{d}S = \iint\limits_{D_{xy}} f[x,y,z(x,y)]\sqrt{1+z_x^2+z_y^2}\,\mathrm{d}x\mathrm{d}y$
- 联系：$\iint\limits_\Sigma P\mathrm{d}y\mathrm{d}z+Q\mathrm{d}z\mathrm{d}x+R\mathrm{d}x\mathrm{d}y = \iint\limits_\Sigma(P\cos\alpha+Q\cos\beta+R\cos\gamma)\mathrm{d}S$
- 对坐标的曲面积分
  - 定义：$\iint\limits_\Sigma R(x,y,z)\mathrm{d}x\mathrm{d}y = \lim\limits_{\lambda\to 0}\sum\limits_{i=1}^{n} R(\xi_i,\eta_i,\zeta_i)(\Delta S_i)_{xy}$
  - 计算：$\iint\limits_\Sigma R(x,y,z)\mathrm{d}x\mathrm{d}y = \pm\iint\limits_{D_{xy}} R[x,y,z(x,y)]\mathrm{d}x\mathrm{d}y$

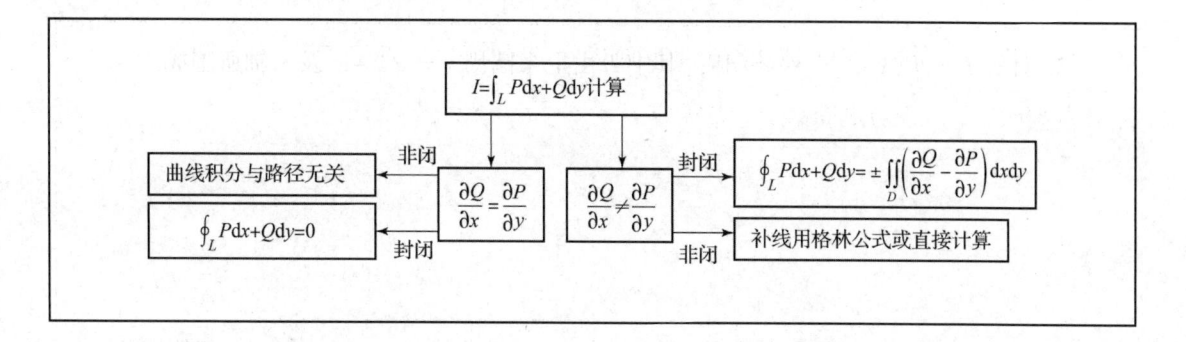

第十一章 曲线积分与曲面积分

```
                    I=∫_L Pdx+Qdy 计算
                            │
       ┌────────────────────┼────────────────────┐
       │非闭                                     │封闭
   ┌───┴───┐              ┌───┴───┐
   │∂Q/∂x  │              │∂Q/∂x  │
   │ =∂P/∂y│              │ ≠∂P/∂y│
   └───┬───┘              └───┬───┘
   封闭│                   非闭│
  曲线积分与路径无关         ∮_L Pdx+Qdy = ±∬_D (∂Q/∂x - ∂P/∂y)dxdy
  ∮_L Pdx+Qdy=0            补线用格林公式或直接计算
```

本次课作业：

1. 填空题：

（1）设平面曲线 L 为下半圆周 $y = -\sqrt{1-x^2}$，则曲线积分 $\int_L (x^2+y^2)\mathrm{d}S = $ _____ ；

（2）$\oiint_\Sigma 3x^2 \mathrm{d}S = $ _____ ，其中 Σ 是球面 $x^2+y^2+z^2 = a^2$ （$a>0$）；

（3）设 Σ 是球面 $x^2+y^2+z^2 = a^2$ 的外侧，则积分 $\oiint_\Sigma y\mathrm{d}x\mathrm{d}y = $ _____ .

2. 选择题：

（1）设 $\overline{OM}$ 是从点 $O(0,0)$ 到点 $M(1,1)$ 的线段，则与曲线积分 $I = \int_{\overline{OM}} \mathrm{e}^{\sqrt{x^2+y^2}}\mathrm{d}S$ 不相等的积分是（   ）；

(A) $\int_0^1 \mathrm{e}^{\sqrt{2}x} \sqrt{2}\mathrm{d}x$ (B) $\int_0^1 \mathrm{e}^{\sqrt{2}y} \sqrt{2}\mathrm{d}y$

(C) $\int_0^{\sqrt{2}} \mathrm{e}^{\rho} \mathrm{d}\rho$ (D) $\int_0^1 \mathrm{e}^{\rho} \sqrt{2}\mathrm{d}\rho$

（2）设 Σ 是球面 $x^2+y^2+z^2=1$，Ω 表示球面 Σ 所围成的区域，则下列等式正确的是（若是第二类曲面积分，则曲面方向取外侧）（   ）.

(A) $\oiint_\Sigma z^2 \mathrm{d}x\mathrm{d}y = \oiint_\Sigma (1-x^2-y^2)\mathrm{d}x\mathrm{d}y$

(B) $\oiint_\Sigma z\mathrm{d}S = \oiint_\Sigma \sqrt{1-x^2-y^2}\mathrm{d}S$

(C) $\iiint_\Omega z^2 \mathrm{d}v = \iiint_\Omega (1-x^2-y^2)\mathrm{d}v$

(D) $\oiint_\Sigma z\mathrm{d}x\mathrm{d}y = \oiint_\Sigma \sqrt{1-x^2-y^2}\mathrm{d}x\mathrm{d}y$

3. 计算 $I = \oint_L (x^3 e^{x^2+y^2} + y^2) dS$，其中 L 由上半圆周 $y = \sqrt{1-x^2}$ 及 x 轴所围成.

4. 计算 $I = \int_\Gamma x dS$，其中 Γ 是从点 $A(1, 1, 1)$ 沿曲线 $x = t$, $y = t^4$, $z = t$ 到点 $B(-1, 1, -1)$ 的弧段.

5. 计算 $I = \int_L (e^{4x} - y) dx - (x + y) dy$，其中 L 是从点 $O(0, 0)$ 沿曲线 $y = \sin x$ 到点 $A(\pi, 0)$ 的弧段.

6. 计算 $I = \int_L (2xy - y) dx + (x^2 + x) dy$，其中 L 为取逆时针方向的曲线 $y = \sqrt{2x - x^2}$.

7. 计算 $I = \iint\limits_{\Sigma} \dfrac{1}{z} dS$，其中 Σ 是半球面 $z = \sqrt{a^2 - x^2 - y^2}$ $(a > 0)$ 在圆锥 $z = \sqrt{x^2 + y^2}$ 里面的部分.

8. 计算 $I = \iint\limits_{\Sigma} xyz^2 dxdy$，其中 Σ 为球面 $x^2 + y^2 + z^2 = 1 (x \geq 0, y \geq 0, z \geq 0)$ 的外侧.

9. 计算 $I = \iint\limits_{\Sigma} yzdydz + xzdxdz + (x^2 + y^2)dxdy$，其中 Σ 为曲面 $4 - z = x^2 + y^2$ 在 xOy 面的上侧部分的外侧.

授课章节	第十二章 无穷级数　12.1 常数项级数的概念和性质
目的要求	理解常数项级数收敛、发散以及收敛级数的和的概念，掌握级数的基本性质及收敛的必要条件
重点难点	常数项级数的收敛与发散的概念、性质

主要内容：

一、常数项级数及其收敛的定义

设有数列 $u_1, u_2, \cdots, u_n, \cdots$，则表达式 $u_1 + u_2 + \cdots + u_n + \cdots$ 称为无穷级数，简称级数，记为 $\sum_{n=1}^{\infty} u_n$，其中 u_n 叫作级数的一般项. $S_n = u_1 + u_2 + \cdots + u_n$ 为级数的部分和，$\{S_n\}$ 为其部分和数列.

二、常数项级数的性质

1. 若 $\lim_{n \to \infty} S_n$ 存在，则称级数 $\sum_{n=1}^{\infty} u_n$ 收敛. 反之，则级数 $\sum_{n=1}^{\infty} u_n$ 发散.

2. 级数 $\sum_{n=1}^{\infty} u_n$ 的每一项同乘一个不为零的常数，级数的敛散性不改变.

3. 如果级数 $\sum_{n=1}^{\infty} u_n$、$\sum_{n=1}^{\infty} v_n$ 分别收敛于 s、σ，则级数 $\sum_{n=1}^{\infty} (u_n \pm v_n)$ 也收敛，且其和为 $s \pm \sigma$.

4. 如果级数 $\sum_{n=1}^{\infty} u_n$、$\sum_{n=1}^{\infty} v_n$ 均发散，则级数 $\sum_{n=1}^{\infty} (u_n \pm v_n)$ 不一定发散.

5. 如果级数 $\sum_{n=1}^{\infty} u_n$ 发散、$\sum_{n=1}^{\infty} v_n$ 收敛，则级数 $\sum_{n=1}^{\infty} (u_n \pm v_n)$ 发散.

6. 在级数中增加、减少或改变有限项，不会改变级数的收敛性.

7. 如果级数 $\sum_{n=1}^{\infty} u_n$ 收敛，则对这级数的项任意加括号后所成的级数仍收敛，且其和不变.

8. 如果级数 $\sum_{n=1}^{\infty} u_n$ 收敛，则 $\lim_{n \to \infty} u_n = 0$.

9. 如果 $\lim_{n \to \infty} u_n \neq 0$ 或 $\lim_{n \to \infty} u_n$ 不存在，则级数 $\sum_{n=1}^{\infty} u_n$ 发散.

三、重要结论

几何级数（等比级数）：级数 $\sum_{n=0}^{\infty} aq^n (a \neq 0)$ 称为等比级数. 当 $|q| < 1$ 时，级数 $\sum_{n=0}^{\infty} aq^n$ 收

敛于 $\dfrac{a}{1-q}$；当 $|q| \geq 1$ 时，级数 $\sum\limits_{n=0}^{\infty} aq^n$ 发散.

本次课作业：

1. 填空题：

(1) $\lim\limits_{n\to\infty} u_n \neq 0$ 是级数 $\sum\limits_{n=1}^{\infty} u_n$ 发散的＿＿＿＿＿＿条件；

(2) 若级数 $\sum\limits_{n=1}^{\infty} u_n$ 收敛，则级数 $\sum\limits_{n=1}^{\infty} 5u_n$ ＿＿＿＿＿＿；

(3) 已知级数 $\sum\limits_{n=1}^{\infty} u_n$ 的部分和 $S_n = \dfrac{n+1}{n}$，则 $u_n = $ ＿＿＿＿，其和 $S = $ ＿＿＿＿；

(4) 级数 $\sum\limits_{n=1}^{\infty} \dfrac{2}{3^n}$ 的敛散性是＿＿＿＿，其和 $S = $ ＿＿＿＿；

(5) 级数 $\sum\limits_{n=1}^{\infty} \dfrac{3}{n}$ 的敛散性是＿＿＿＿．

2. 选择题：

$\sum\limits_{n=1}^{\infty} a_n$ 收敛是 $\lim\limits_{n\to\infty} a_n = 0$ 的（　　）．

(A) 充分条件，但非必要条件　　(B) 必要条件，但非充分条件

(C) 充分必要条件　　(D) 既非充分条件，又非必要条件

3. 根据级数收敛与发散的定义判别下列级数的敛散性：

(1) $\sum\limits_{n=1}^{\infty} (\sqrt{n+1} - \sqrt{n})$；

(2) $\dfrac{1}{1\times 3} + \dfrac{1}{3\times 5} + \dfrac{1}{5\times 7} + \cdots + \dfrac{1}{(2n-1)\times(2n+1)} + \cdots$．

授课章节	第十二章 无穷级数　12.2 常数项级数的审敛法
目的要求	掌握正项级数收敛性的比较判别法和比值判别法，会用根值判别法；掌握交错级数的莱布尼茨判别法；了解任意项级数绝对收敛与条件收敛的概念以及绝对收敛与收敛的关系
重点难点	熟练掌握并灵活使用常数项级数的各种审敛法

主要内容：

一、基本概念

1. 正项级数：若常数项级数 $\sum\limits_{n=1}^{\infty} u_n$ 的一般项 $u_n \geq 0$，则该级数 $\sum\limits_{n=1}^{\infty} u_n$ 为正项级数.

2. 交错级数：若级数的各项是正负交错的，则称该级数为交错级数. 可记为 $\sum\limits_{n=1}^{\infty}(-1)^n u_n$、$\sum\limits_{n=1}^{\infty}(-1)^{n+1} u_n$、$\sum\limits_{n=1}^{\infty}(-1)^{n-1} u_n$ 等，其中 $u_n > 0$.

二、审敛法

1. 正项级数审敛法.

（1）比较审敛法.

设 $\sum\limits_{n=1}^{\infty} u_n$ 和 $\sum\limits_{n=1}^{\infty} v_n$ 都是正项级数，且 $u_n \leq v_n (n=1, 2, \cdots)$. 若级数 $\sum\limits_{n=1}^{\infty} v_n$ 收敛，则级数 $\sum\limits_{n=1}^{\infty} u_n$ 收敛；反之，若级数 $\sum\limits_{n=1}^{\infty} u_n$ 发散，则级数 $\sum\limits_{n=1}^{\infty} v_n$ 发散.

（2）比较审敛法的极限形式.

设 $\sum\limits_{n=1}^{\infty} u_n$ 和 $\sum\limits_{n=1}^{\infty} v_n$ 都是正项级数，且有 $\lim\limits_{n \to \infty} \dfrac{u_n}{v_n} = l$. 若 $0 < l < +\infty$，则级数 $\sum\limits_{n=1}^{\infty} u_n$ 和 $\sum\limits_{n=1}^{\infty} v_n$ 有相同敛散性；若 $l = 0$，且级数 $\sum\limits_{n=1}^{\infty} v_n$ 收敛，则级数 $\sum\limits_{n=1}^{\infty} u_n$ 收敛；若 $l = +\infty$，且 $\sum\limits_{n=1}^{\infty} v_n$ 发散，则级数 $\sum\limits_{n=1}^{\infty} u_n$ 发散.

（3）极限审敛法.

设 $\sum\limits_{n=1}^{\infty} u_n$ 是正项级数，且 $\lim\limits_{n \to \infty} n^p u_n = l$. 若 $p \leq 1$，$l > 0$ 或 $l = +\infty$，则级数 $\sum\limits_{n=1}^{\infty} u_n$ 发散；若 $p > 1$，$0 \leq l < +\infty$，则级数 $\sum\limits_{n=1}^{\infty} u_n$ 收敛.

（4）比值审敛法.

设 $\sum\limits_{n=1}^{\infty} u_n$ 是正项级数，如果 $\lim\limits_{n\to\infty}\dfrac{u_{n+1}}{u_n} = \rho$，则当 $\rho < 1$ 时级数收敛；$\rho > 1$ $\left(\text{或}\lim\limits_{n\to\infty}\dfrac{u_{n+1}}{u_n} = \infty\right)$ 时级数发散；$\rho = 1$ 时级数可能收敛也可能发散.

（5）根值审敛法.

设 $\sum\limits_{n=1}^{\infty} u_n$ 是正项级数，如果 $\lim\limits_{n\to\infty}\sqrt[n]{u_n} = \rho$，则当 $\rho < 1$ 时级数收敛；$\rho > 1$（或 $\lim\limits_{n\to\infty}\sqrt[n]{u_n} = +\infty$）时级数发散；$\rho = 1$ 时级数可能收敛也可能发散.

（6）正项级数 $\sum\limits_{n=1}^{\infty} u_n$ 收敛的充分必要条件：它的部分和数列 $\{S_n\}$ 有界.

2. 交错级数审敛法（莱布尼茨定理）.

如果交错级数 $\sum\limits_{n=1}^{\infty}(-1)^{n-1}u_n$ 满足条件：(1) $u_n \geq u_{n+1}$ ($n=1, 2, 3, \cdots$)；(2) $\lim\limits_{n\to\infty}u_n = 0$，则级数收敛，且其和 $S \leq u_1$，其余项 r_n 的绝对值 $|r_n| \leq u_{n+1}$.

3. 绝对收敛与条件收敛.

若级数 $\sum\limits_{n=1}^{\infty}|u_n|$ 收敛，则称级数 $\sum\limits_{n=1}^{\infty} u_n$ 绝对收敛；如果级数 $\sum\limits_{n=1}^{\infty} u_n$ 收敛，而级数 $\sum\limits_{n=1}^{\infty}|u_n|$ 发散，则称级数 $\sum\limits_{n=1}^{\infty} u_n$ 条件收敛.

三、重要结论

p 级数：级数 $\sum\limits_{n=1}^{\infty}\dfrac{1}{n^p}(p > 0)$ 称为 p 级数.

当 $0 < p < 1$ 时，级数 $\sum\limits_{n=1}^{\infty}\dfrac{1}{n^p}$ 发散；当 $p = 1$ 时称级数 $\sum\limits_{n=1}^{\infty}\dfrac{1}{n}$ 为调和级数，发散；当 $p > 1$ 时，级数 $\sum\limits_{n=1}^{\infty}\dfrac{1}{n^p}$ 收敛.

本次课作业：

1. 填空题：

（1）如果 $\lim\limits_{n\to\infty}\left|\dfrac{u_{n+1}}{u_n}\right| = \rho < 1$ 成立，那么级数 $\sum\limits_{n=1}^{\infty} u_n$ 一定_____；

（2）设级数 $\sum\limits_{n=1}^{\infty}\left(1+\dfrac{1}{n}\right)^n$，则一般项 $u_n = $ _____，且 $\lim\limits_{n\to\infty}u_n \neq $ _____，故该级数的敛散性是_____.

2. 选择题：

(1) 设部分和 $S_n = \sum_{k=1}^{n} a_k$，则数列 $\{S_n\}$ 有界是级数 $\sum_{n=1}^{\infty} a_n$ 收敛的（　　）；

(A) 充分条件，但非必要条件

(B) 必要条件，但非充分条件

(C) 充分必要条件

(D) 既非充分条件，又非必要条件

(2) 设 a 为常数，则级数 $\sum_{n=1}^{\infty} \dfrac{\sin na}{n^2}$（　　）．

(A) 绝对收敛　　　　　　　　　(B) 条件收敛

(C) 发散　　　　　　　　　　　(D) 收敛性与 a 取值有关

3. 用比较审敛法或其极限形式判别下列级数的敛散性：

(1) $\sum_{n=1}^{\infty} \dfrac{1}{n\sqrt[n]{n}}$；

(2) $\sum_{n=1}^{\infty} 2^n \sin \dfrac{\pi}{3^n}$；

(3) $\sum_{n=1}^{\infty} \dfrac{3 + (-1)^n}{2^n}$．

4. 用比值审敛法判别下列级数的敛散性：

(1) $\sum_{n=1}^{\infty} \dfrac{2^n \cdot n!}{n^n}$；

(2) $\dfrac{3}{1\times 2}+\dfrac{3^2}{2\times 2^2}+\dfrac{3^3}{3\times 2^3}+\cdots+\dfrac{3^n}{n\times 2^n}+\cdots$;

(3) $\dfrac{3}{4}+2\left(\dfrac{3}{4}\right)^2+3\left(\dfrac{3}{4}\right)^3+\cdots+n\left(\dfrac{3}{4}\right)^n+\cdots$;

(4) $\sum\limits_{n=1}^{\infty}\dfrac{n^n}{(n!)^2}$.

5. 判别下列级数是否收敛，如果收敛，是绝对收敛还是条件收敛：

(1) $\sum\limits_{n=1}^{\infty}\left(\dfrac{1}{2}\right)^n \cos nx$;

(2) $\sum\limits_{n=1}^{\infty}(-1)^{n-1}\dfrac{n}{3^{n-1}}$;

(3) $\sum\limits_{n=1}^{\infty}\dfrac{n!2^n \sin\dfrac{n\pi}{5}}{n^n}$;

(4) $1-\dfrac{1}{\sqrt{2}}+\dfrac{1}{\sqrt{3}}-\dfrac{1}{\sqrt{4}}+\cdots$;

(5) $\dfrac{1}{\ln 2}-\dfrac{1}{\ln 3}+\dfrac{1}{\ln 4}-\dfrac{1}{\ln 5}+\cdots$.

授课章节	第十二章 无穷级数　12.3 幂级数
目的要求	了解函数项级数的收敛域及和函数的概念；理解幂级数收敛半径的概念，并掌握幂级数的收敛半径、收敛区间及收敛域的求法；了解幂级数在其收敛区间内的基本性质（和函数的连续性、逐项求导和逐项积分），会求一些幂级数在收敛域内的和函数，并会由此求出某些数项级数的和
重点难点	幂级数收敛半径、收敛域的求法，幂级数的和函数

主要内容：

一、基本概念

1. 和函数.

设 x 是函数项级数 $\sum_{n=1}^{\infty} u_n(x)$ 的收敛域内任一点，则称函数 $s(x) = \lim_{n \to \infty} \sum_{i=1}^{\infty} u_i(x)$ 为该函数项级数的和函数.

2. 幂级数.

形如 $\sum_{n=0}^{\infty} a_n(x-x_0)^n$ 的级数为在 x_0 处的幂级数；形如 $\sum_{n=0}^{\infty} a_n x^n$ 的级数为在 $x_0 = 0$ 处的幂级数. a_n 为幂级数的系数.

二、幂级数的收敛半径、收敛域及和函数

1. 阿贝尔定理：如果级数 $\sum_{n=0}^{\infty} a_n x^n$ 当 $x = x_0 (x_0 \neq 0)$ 时收敛，则适合不等式 $|x| < |x_0|$ 的一切 x 使这幂级数绝对收敛. 反之，如果级数 $\sum_{n=0}^{\infty} a_n x^n$ 当 $x = x_0$ 时发散，则适合不等式 $|x| > |x_0|$ 的一切 x 使这幂级数发散.

2. 阿贝尔定理推论：如果级数 $\sum_{n=0}^{\infty} a_n x^n$ 不是仅在 $x = 0$ 一点收敛，也不是在整个数轴上都收敛，则必有一个确定的正数 R 存在，使得当 $|x| < R$ 时，幂级数绝对收敛；当 $|x| > R$ 时，幂级数发散；当 $x = R$ 与 $x = -R$ 时，幂级数可能收敛也可能发散，其中 $(-R, R)$ 称为幂级数 $\sum_{n=0}^{\infty} a_n x^n$ 的收敛区间. 若求收敛域，则必讨论该区间的端点处的敛散性.

3. 若幂级数为 $\sum_{n=0}^{\infty} a_n x^n$，则其收敛半径为 $R = \lim_{n \to \infty} \left| \dfrac{a_n}{a_{n+1}} \right|$.

(1) 若 $R>0$ 为一常数，则幂级数的收敛域为讨论端点处敛散性后的一个有限区间；

(2) 若 $R=0$，则幂级数的收敛域为一个点 $x=0$；

(3) 若 $R=+\infty$，则幂级数收敛域为 $(-\infty, +\infty)$.

4. 幂级数和函数的性质.

(1) 幂级数 $\sum_{n=0}^{\infty} a_n x^n$ 的和函数 $s(x)$ 在其收敛域 I 上连续.

(2) 幂级数 $\sum_{n=0}^{\infty} a_n x^n$ 的和函数 $s(x)$ 在其收敛域 I 上可积，并有逐项积分公式

$$\int_0^x s(x)\mathrm{d}x = \int_0^x \left(\sum_{n=0}^{\infty} a_n x^n\right)\mathrm{d}x = \sum_{n=0}^{\infty} \int_0^x a_n x^n \mathrm{d}x = \sum_{n=0}^{\infty} \frac{a_n}{n+1} x^{n+1} \quad (x \in I)$$

逐项积分后所得到的幂级数和原级数有相同的收敛半径.

(3) 幂级数 $\sum_{n=0}^{\infty} a_n x^n$ 的和函数 $s(x)$ 在其收敛区间 $(-R, R)$ 内可导，且有逐项求导公式 $s'(x) = \left(\sum_{n=0}^{\infty} a_n x^n\right)' = \sum_{n=0}^{\infty} (a_n x^n)' = \sum_{n=0}^{\infty} n a_n x^{n-1} (|x|<R)$，逐项求导后所得到的幂级数和原级数有相同的收敛半径.

本次课作业：

1. 求下列幂级数的收敛域：

(1) $\dfrac{x}{1\times 3}+\dfrac{x^2}{2\times 3^2}+\dfrac{x^3}{3\times 3^3}+\cdots+\dfrac{x^n}{n\times 3^n}+\cdots$；

(2) $\sum_{n=1}^{\infty} (-1)^n \dfrac{x^{2n+1}}{2n+1}$；

(3) $\sum_{n=1}^{\infty} \frac{(x-5)^n}{\sqrt{n}}$;

(4) $\sum_{n=1}^{\infty} nx^{n-1}$.

2. 利用逐项积分或逐项求导，求下列级数的和函数：

(1) $\sum_{n=1}^{\infty} nx^{n+1}$;

(2) $\sum_{n=1}^{\infty} (-1)^n \frac{x^n}{n}$.

授课章节	第十二章 无穷级数　12.4 函数展开成幂级数
目的要求	了解函数展开成泰勒级数的充分必要条件；掌握 e^x、$\sin x$、$\cos x$、$\ln(1+x)$ 及 $(1+x)^\alpha$ 的麦克劳林展开式，会用它们将一些简单函数间接展开为幂级数
重点难点	初等函数的间接展开法，幂级数的直接展开法

主要内容：

一、幂级数的展开

1. 函数的泰勒展开式.

设 $f(x)$ 在 $U(x_0)$ 内具有任意阶导数，且 $\lim\limits_{n\to\infty}\dfrac{f^{(n+1)}(\xi)}{(n+1)!}(x-x_0)^{n+1}=0$，$\xi=x_0+\theta(x-x_0)$，$0<\theta<1$，则 $f(x)=\sum\limits_{n=0}^{\infty}\dfrac{f^{(n)}(x_0)}{n!}(x-x_0)^n$，$x\in U(x_0)$.

2. 函数的麦克劳林公式.

设 $f(x)$ 在 $U(0)$ 内具有任意阶导数，且 $\lim\limits_{n\to\infty}\dfrac{f^{(n+1)}(\xi)}{(n+1)!}x^{n+1}=0$，$\xi=\theta x$，$0<\theta<1$，则 $f(x)=\sum\limits_{n=0}^{\infty}\dfrac{f^{(n)}(0)}{n!}x^n$，$x\in U(0)$.

3. 利用常用函数的幂级数展开式间接展开.

二、常用函数的幂级数展开式

$e^x=\sum\limits_{n=0}^{\infty}\dfrac{x^n}{n!}$，$x\in(-\infty,+\infty)$；

$\sin x=\sum\limits_{n=0}^{\infty}(-1)^n\dfrac{x^{2n+1}}{(2n+1)!}$，$x\in(-\infty,+\infty)$；

$\cos x=\sum\limits_{n=0}^{\infty}(-1)^n\dfrac{x^{2n}}{(2n)!}$，$x\in(-\infty,+\infty)$；

$\ln(1+x)=\sum\limits_{n=0}^{\infty}(-1)^n\dfrac{x^{n+1}}{n+1}$，$x\in(-1,1]$；

$(1+x)^\alpha=1+\alpha x+\dfrac{\alpha(\alpha-1)}{2!}x^2+\cdots+\dfrac{\alpha(\alpha-1)\cdots(\alpha-n+1)}{n!}x^n+\cdots$　$x\in(-1,1)$，端点 $x=-1$，$x=1$ 是否收敛随 α 而定；

$$\frac{1}{1-x} = \sum_{n=0}^{\infty} x^n, \ x \in (-1, 1);$$

$$\frac{1}{1+x} = \sum_{n=0}^{\infty} (-1)^n x^n, \ x \in (-1, 1).$$

本次课作业：

1. 填空题：

(1) 已知 $e^x = \sum_{n=0}^{\infty} \frac{x^n}{n!}$，$x \in (-\infty, +\infty)$，则 $2^x = e^{x\ln 2} = $ ＿＿＿＿＿＿＿＿；

(2) 级数 $\sum_{n=1}^{\infty} \frac{2}{n!}$ 的和为 ＿＿＿＿．

2. 选择题：

若 $\lim\limits_{n \to \infty} \left| \frac{C_{n+1}}{C_n} \right| = \frac{1}{4}$，则幂级数 $\sum_{n=0}^{\infty} C_n x^{2n}$（   ）．

(A) 在 $|x| < 2$ 时绝对收敛 (B) 在 $|x| > \frac{1}{4}$ 时发散

(C) 在 $|x| < 4$ 时绝对收敛 (D) 在 $|x| > \frac{1}{2}$ 时发散

3. 将下列函数展开成 x 的幂级数，并求展开式成立的区间：

(1) $\ln(2+x)$;

(2) $\sin 2x$;

(3) $\dfrac{1}{1+x^2}$;

(4) $x\ln(1+x)$.

4. 将 $f(x)=\dfrac{1}{x}$ 展开成 $(x-3)$ 的幂级数.

5. 将函数 $f(x)=\dfrac{1}{x^2+3x+2}$ 展开成 $(x+4)$ 的幂级数.

授课章节	第十二章 无穷级数　习题课
目的要求	复习巩固第十二章内容
重点难点	本章解题技巧和方法

主要内容：

一、常数项级数审敛法

1. 利用常数项级数收敛的定义；利用常数项级数的性质；熟记等比级数及 p 级数的敛散性.

2. 正项级数审敛法.

利用比较审敛法；利用比较审敛法的极限形式；利用极限审敛法；利用比值审敛法；利用根值审敛法；正项级数 $\sum_{n=1}^{\infty} u_n$ 收敛的充分必要条件.

3. 交错级数审敛法.

利用莱布尼茨定理.

4. 判断级数绝对收敛与条件收敛的方法.

利用级数绝对收敛与条件收敛的定义.

二、收敛半径、收敛域的求法

1. 函数项级数收敛域的求法.

首先用比值法（或根值法）求出 $\rho(x)$；然后解不等式方程 $\rho(x) < 1$，求出级数 $\sum_{n=1}^{\infty} u_n(x)$ 的收敛区间 (a, b)；接着考虑收敛区间端点处两常数项级数 $\sum_{n=1}^{\infty} u_n(a)$、$\sum_{n=1}^{\infty} u_n(b)$ 的敛散性；最后写出级数 $\sum_{n=1}^{\infty} u_n(x)$ 的收敛域.

2. 幂级数收敛半径、收敛域的求法.

利用阿贝尔定理确定级数的收敛区间，若求收敛域，则必讨论该区间的端点处的敛散性；利用阿贝尔定理推论确定级数的收敛半径及收敛区间，若求收敛域，则必讨论该区间的端点处的敛散性；利用公式 $R = \lim_{n \to \infty} \left| \dfrac{a_n}{a_{n+1}} \right|$ 确定收敛半径、收敛区间，若求收敛域，则必讨论该区间的端点处的敛散性.

三、幂级数的和函数的求法

首先确定幂级数的收敛域；然后利用幂级数和函数的性质，对原级数先求积分（或求导数）；最后对上一步骤的结果求导（或求积分）. 熟记 $\dfrac{1}{1-x} = \sum\limits_{n=0}^{\infty} x^n \ (-1 < x < 1)$.

四、幂级数的展开

利用函数的泰勒展开式将函数展开为泰勒级数；利用函数的麦克劳林公式将函数展开为麦克劳林级数；利用常用函数的幂级数展开式将函数间接展开.

本次课作业：

1. 填空题：

（1）设幂级数 $\sum\limits_{n=0}^{\infty} a_n (x-1)^n$ 在 $x_1 = 3$ 处发散，在 $x_2 = -1$ 处收敛，则该幂级数的收敛半径为_____；

（2）幂级数 $x + \dfrac{x^3}{3} + \dfrac{x^5}{5} + \cdots$ 的收敛半径为_____，收敛域为_____.

2. 判别下列级数的敛散性：

（1）$\sum\limits_{n=1}^{\infty} \sqrt{\dfrac{n+1}{n}}$；

（2）$\sum\limits_{n=1}^{\infty} \dfrac{2n+3}{n^2+n+5}$；

(3) $\sum_{n=1}^{\infty} \dfrac{2n+1}{(n+1)^2(n+2)^2}$; (4) $\sum_{n=1}^{\infty} \dfrac{n\cos^2 \dfrac{n\pi}{3}}{2^n}$.

3. 讨论级数 $\sum_{n=1}^{\infty} (-1)^{n+1} \dfrac{\sin \dfrac{\pi}{n+1}}{\pi^{n+1}}$ 的绝对收敛性与条件收敛性.

*4. 求级数 $\sum_{n=1}^{\infty} \dfrac{n}{n+1} x^n$ 的收敛域及和函数.

模 拟 试 卷

参 考 答 案

第八章

8.1

1. (1) (4, 0, 0)；(2) 45°或135°.
2. $8a - 8b + 12c$.
3. $\left(\dfrac{6}{11}, \dfrac{7}{11}, -\dfrac{6}{11}\right)$.
4. $|\overrightarrow{M_1M_2}| = 2.$ $\cos\alpha = -\dfrac{1}{2}$, $\cos\beta = -\dfrac{\sqrt{2}}{2}$, $\cos\gamma = \dfrac{1}{2}$. $\alpha = \dfrac{2\pi}{3}$, $\beta = \dfrac{3\pi}{4}$, $\gamma = \dfrac{\pi}{3}$.
5. $\overrightarrow{AB} = (-1, 1, -\sqrt{2})$. $\cos\alpha = -\dfrac{1}{2}$, $\cos\beta = \dfrac{1}{2}$, $\cos\gamma = -\dfrac{\sqrt{2}}{2}$. $\alpha = \dfrac{2\pi}{3}$, $\beta = \dfrac{\pi}{3}$, $\gamma = \dfrac{3\pi}{4}$.

8.2

1. 2；−4.
2. (1) 4；(2) −1.
3. (1) (1, −1, 1)；(2) (4, 4, −4).
4. (1) $-8j - 24k$；(2) $-j - k$.
5. 30.

8.3

1. (1) 1；(2) 3.
2. (1) $3x - 7y + 5z - 4 = 0$；(2) $x + y - 3z - 4 = 0$；
(3) $2x - y - 3z = 0$；(4) $x + y + z - 2 = 0$.

8.4

1. $\dfrac{x-4}{2} = \dfrac{y+1}{1} = \dfrac{z-3}{5}$.
2. $\dfrac{x-1}{-2} = \dfrac{y-1}{1} = \dfrac{z-1}{3}$；$\begin{cases} x = 1 - 2t \\ y = 1 + t \\ z = 1 + 3t \end{cases}$
3. $\dfrac{x-1}{2} = \dfrac{y-2}{1} = \dfrac{z-3}{2}$.
4. $\dfrac{x-1}{4} = \dfrac{y-1}{-2} = \dfrac{z-1}{1}$.

8.5

1. $4x + 4y + 10z - 63 = 0$.

2. $(x+1)^2 + (y+3)^2 + (z-2)^2 = 9$.

3. (1) $y^2 + z^2 = 5x$；

(2) $x^2 + y^2 + z^2 = 9$；

(3) 绕 x 轴：$4x^2 - 9(y^2 + z^2) = 36$；绕 y 轴：$4(x^2 + z^2) - 9y^2 = 36$.

4. (1) 直线，平面；

(2) 圆周，圆柱面；

(3) 双曲线，双曲柱面；

(4) 抛物线，抛物柱面；

(5) 坐标原点 (0, 0)，z 轴.

5. (1) xOy 平面上的椭圆 $\dfrac{x^2}{4} + \dfrac{y^2}{9} = 1$ 绕 x 轴旋转一周；或 zOx 平面上的椭圆 $\dfrac{x^2}{4} + \dfrac{z^2}{9} = 1$ 绕 x 轴旋转一周.

(2) yOz 平面上的直线 $z = y + a$ 绕 z 轴旋转一周；或 zOx 平面上的直线 $z = x + a$ 绕 z 轴旋转一周.

6. (1) 双曲柱面；(2) 椭圆柱面；(3) 抛物柱面；(4) 圆锥面；(5) 上半圆锥面；(6) 上半球面.

8.6

1. 略.

2. 在 xOy 坐标面上的投影为 $\begin{cases} x^2 + y^2 \leq 4 \\ z = 0 \end{cases}$；在 yOz 坐标面上的投影为 $\begin{cases} y^2 \leq z \leq 4 \\ x = 0 \end{cases}$.

第八章习题课

1. (1) C；(2) A；(3) A；(4) C；(5) C.

2. $\sqrt{129}$.

3. $\sqrt{7}$.

4. (1) $7x - 2y - 5z = 0$；(2) $x + y + 3z - 6 = 0$；(3) $2x + 4y - 7z + 14 = 0$.

5. (1) $\dfrac{x+1}{0} = \dfrac{y+4}{-6} = \dfrac{z-3}{-3}$；(2) $\left(2, \dfrac{3}{2}, \dfrac{7}{2}\right)$.

6. 略.

第九章

9.1

1. (1) $D = \{(x, y) | x \geq \sqrt{y}, x \geq 0, y \geq 0\}$；

(2) $D = \{(x, y) | y > x \geq 0, x^2 + y^2 < 1\}$；

(3) $\{(x, y) | y^2 - 2x = 0\}$；

(4) 连续.

2. (1) $\dfrac{\sqrt{2}}{5}$；(2) ln2；(3) 2；(4) $-\dfrac{1}{4}$.

参考答案

9.2

1. (1) $\dfrac{2}{y}\csc\dfrac{2x}{y}$, $-\dfrac{2x}{y^2}\csc\dfrac{2x}{y}$;

(2) yx^{y-1}, $x^y\ln x$;

(3) $2yz+x^2$, $2y$;

(4) $\dfrac{\pi}{4}$;

(5) 1.

2. (1) $\dfrac{\partial z}{\partial x}=-\dfrac{y}{x^2+y^2}+y^2\sin(xy^2)$, $\dfrac{\partial z}{\partial y}=\dfrac{x}{x^2+y^2}+2xy\sin(xy^2)$;

(2) $\dfrac{\partial z}{\partial x}=\dfrac{1}{y}e^{\frac{x}{y}}\sin(x+y)+e^{\frac{x}{y}}\cos(x+y)$, $\dfrac{\partial z}{\partial y}=-\dfrac{x}{y^2}e^{\frac{x}{y}}\sin(x+y)+e^{\frac{x}{y}}\cos(x+y)$.

3. (1) $\dfrac{\partial^2 z}{\partial x^2}=12x^2-8y$, $\dfrac{\partial^2 z}{\partial x\partial y}=-8x$, $\dfrac{\partial^2 z}{\partial y^2}=6y$;

(2) $\dfrac{\partial^2 z}{\partial x^2}=\dfrac{2xy}{(x^2+y^2)^2}$, $\dfrac{\partial^2 z}{\partial x\partial y}=\dfrac{-x^2+y^2}{(x^2+y^2)^2}$, $\dfrac{\partial^2 z}{\partial y^2}=\dfrac{-2xy}{(x^2+y^2)^2}$;

(3) $\dfrac{\partial^2 z}{\partial x^2}=y^x(\ln y)^2$, $\dfrac{\partial^2 z}{\partial x\partial y}=y^{x-1}(x\ln y+1)$, $\dfrac{\partial^2 z}{\partial y^2}=x(x-1)y^{x-2}$;

(4) $\dfrac{\partial^2 z}{\partial x^2}=2(1+2x^2)e^{x^2+2y}$, $\dfrac{\partial^2 z}{\partial x\partial y}=4xe^{x^2+2y}$, $\dfrac{\partial^2 z}{\partial y^2}=4e^{x^2+2y}$.

9.3

1. (1) $2(x+y)dx+2(x-3y)dy$, $2dx+2dy$;

(2) $e^{x-2y}(dx-2dy)$;

(3) $ydx+(x+t)dy+ydt$.

2. $dz=\dfrac{-xydx+x^2dy}{(x^2+y^2)^{\frac{3}{2}}}$.

3. $du=\dfrac{-2tds+2sdt}{(s-t)^2}$.

4. $du=x^{y-1}y^{z+1}dx+x^yy^{z-1}(z+y\ln x)dy+x^yy^z\ln y\,dz$.

9.4

1. (1) $e^{\sin t-2t^3}(\cos t-6t^2)$;

(2) $\cos x f_1'+e^{x-y}f_3'$, $-\sin y f_2'-e^{x-y}f_3'$.

2. $f_{xy}=2xe^{x^2y}+2x^3ye^{x^2y}$.

3. $\dfrac{\partial z}{\partial x}=3x^2\sin y\cos y(\cos y-\sin y)$, $\dfrac{\partial z}{\partial y}=-2x^3\sin y\cos y(\sin y+\cos y)+x^3(\sin^3 y+\cos^3 y)$.

4. (1) $\dfrac{\partial^2 z}{\partial x^2}=e^{2y}f_{11}''+2e^y f_{12}''+f_{22}''$;

(2) $\dfrac{\partial^2 z}{\partial x\partial y}=-\dfrac{x}{y^2}f_{12}''-\dfrac{x}{y^3}f_{22}''-\dfrac{1}{y^2}f_2'$, $\dfrac{\partial^2 z}{\partial y^2}=\dfrac{2x}{y^3}f_2'+\dfrac{x^2}{y^4}f_{22}''$.

9.5

1. $\dfrac{dy}{dx} = -\dfrac{F_x}{F_y} = \dfrac{2x+y}{x-2y}$.

2. $\dfrac{\partial z}{\partial x} = -\dfrac{F_x}{F_z} = \dfrac{z}{x+z}$, $\dfrac{\partial z}{\partial y} = -\dfrac{F_y}{F_z} = \dfrac{z^2}{y(x+z)}$.

3. (1) $\dfrac{\partial z}{\partial x} = \dfrac{x}{2-z}$, $\dfrac{\partial z}{\partial y} = \dfrac{y}{2-z}$;

(2) $\dfrac{\partial z}{\partial x} = \dfrac{yz}{e^z - xy}$, $\dfrac{\partial z}{\partial y} = \dfrac{xz}{e^z - xy}$;

(3) $z_x = \dfrac{e^x - e^{x+y} - yz}{xy}$, $z_y = -\dfrac{e^{x+y} + xz}{xy}$.

4*. $\dfrac{dy}{dx} = -\dfrac{x(6z+1)}{2y(3z+1)}$, $\dfrac{dz}{dx} = \dfrac{x}{3z+1}$.

9.6

1. (1) 切线方程为 $\dfrac{x-a}{0} = \dfrac{y-0}{a} = \dfrac{z-0}{b}$，法平面方程为 $ay + bz = 0$；

(2) $P_1(-1, 1, -1)$ 及 $P_2\left(-\dfrac{1}{3}, \dfrac{1}{9}, -\dfrac{1}{27}\right)$；

(3)* 切线方程为 $\dfrac{x-3}{1} = \dfrac{y-2}{-4} = \dfrac{z-1}{5}$，法平面方程为 $x - 4y + 5z = 0$.

2. (1) 切平面方程为 $x + 2y - 4 = 0$，法线方程为 $\dfrac{x-2}{1} = \dfrac{y-1}{2} = \dfrac{z-0}{0}$；

(2) $(-3, -1, 3)$, $\dfrac{x+3}{1} = \dfrac{y+1}{3} = \dfrac{z-3}{1}$.

9.7

1. 极大值 $f(2, -2) = 8$.

2. 最大值为 $u(6, 4, 2) = 6\,912$.

3. 长、宽、高分别为 $\dfrac{2}{\sqrt{3}}$, $\dfrac{2}{\sqrt{3}}$, $\dfrac{1}{\sqrt{3}}$ 时，体积最大.

4. 长方体的长、宽、高均为 $\dfrac{d}{\sqrt{3}}$ 时，长方体的体积最大.

第九章习题课

1. (1) -5；

(2) $\dfrac{1}{y + \sqrt{x^2 + y^2}}\left[\dfrac{x}{\sqrt{x^2+y^2}}dx + \left(1 + \dfrac{y}{\sqrt{x^2+y^2}}\right)dy\right]$；

(3) $(0, 0, -1)$.

2. $\dfrac{\partial w}{\partial x} = f'_1 - f'_3$, $\dfrac{\partial w}{\partial y} = -f'_1 + f'_2$, $\dfrac{\partial w}{\partial t} = -f'_2 + f'_3$.

3. $\dfrac{\partial^2 z}{\partial x^2} = e^{2y}f''_{11} + 2e^y f''_{12} + f''_{22}$.

4. 切线方程：$\dfrac{x-1}{1} = \dfrac{y-1}{-1} = \dfrac{z-1}{1}$，法平面方程：$x - y + z = 1$.

5. 切平面方程：$2x - z + 1 = 0$，法线方程：$\dfrac{x-1}{2} = \dfrac{y-0}{0} = \dfrac{z-3}{-1}$.

第十章

10.1

1. (1) 1, 4, 2, 8；(2) 9, 13, 36π, 52π；(3) $\dfrac{16\pi}{3}$, 24.

2. (1) A；(2) B.

10.2

1. (1) $\displaystyle\int_0^1 dy \int_{y+1}^2 f(x, y) dx$；

(2) $\displaystyle\int_0^2 dx \int_0^{\sqrt{4-x^2}} f(x, y) dy$；

(3) $\displaystyle\int_1^2 dx \int_{\frac{1}{x}}^x f(x, y) dy$, $\displaystyle\int_{\frac{1}{2}}^1 dy \int_{\frac{1}{y}}^2 f(x, y) dx + \int_1^2 dy \int_y^2 f(x, y) dx$；

(4) 0；(5) 0；(6) $\displaystyle\int_1^5 dy \int_y^5 \dfrac{1}{y \ln x} dx$；

(7) $\displaystyle\int_0^{\frac{\pi}{2}} d\theta \int_{a\cos\theta}^a f(\rho\cos\theta, \rho\sin\theta) \rho d\rho + \int_{\frac{\pi}{2}}^\pi d\theta \int_0^a f(\rho\cos\theta, \rho\sin\theta) \rho d\rho$.

2. (1) $\dfrac{\pi^5}{15}$；(2) $\dfrac{16}{15}$；(3) $\dfrac{1}{2}(e - 1)$.

3. (1) $2\pi^2$；(2) $\dfrac{a^4}{2}$；(3) $\dfrac{3\pi}{32} R^4$；(4) $\dfrac{3}{2}\pi$.

4. (1) 6；(2) 9π.

5. (1) $\sqrt{2} - 1$；(2) $\dfrac{16\pi^3}{3}$.

6. 改变积分次序即可证明.

10.3

1. (1) $I = \displaystyle\int_{-1}^1 dx \int_{-\sqrt{1-x^2}}^{\sqrt{1-x^2}} dy \int_{\sqrt{x^2+y^2}}^{\sqrt{2-x^2-y^2}} f(\sqrt{x^2+y^2+z^2}) dz$；

$I = \displaystyle\int_0^{2\pi} d\theta \int_0^1 \rho d\rho \int_\rho^{\sqrt{2-\rho^2}} f(\sqrt{\rho^2+z^2}) dz$.

(2) 0.

(3) 0.

2. (1) $I = \displaystyle\int_0^1 dx \int_0^{1-x} dx \int_1^{2-x-y} f(x, y, z) dz$；(2) $\dfrac{8}{3}$.

3. (1) $\dfrac{\pi}{3}$；(2) $\dfrac{1}{120}$.

4. (1) $\pi\left(\ln 2 - 2 + \dfrac{\pi}{2}\right)$；(2) $\dfrac{8}{9} a^2$；(3) $\dfrac{1}{2}\pi h R^4$.

10.4

1. $2\iint\limits_{x^2+y^2\leqslant ax}\dfrac{a}{\sqrt{a^2-x^2-y^2}}\mathrm{d}x\mathrm{d}y.$

2. $16R^2.$

3. $\dfrac{\pi}{6}.$

第十章习题课

1. $\int_0^1\mathrm{d}x\int_0^{x^2}\mathrm{e}^{\frac{y}{x}}\mathrm{d}y=\dfrac{1}{2}.$

2. $\dfrac{2}{5}.$

3. $\dfrac{\pi}{4}(\mathrm{e}^4-\mathrm{e}).$

4. $\dfrac{2}{3}\pi.$

5. $\dfrac{1}{4}\pi.$

6. 略.

第十一章

11.1

1. (1) $\int_L\mathrm{d}s$; (2) $2\pi.$

2. 1.

3. $\mathrm{e}-1.$

4. 8.

5. $\dfrac{1}{3}(2\sqrt{2}-1).$

6. $\dfrac{\sqrt{3}}{2}.$

11.2

1. 0.

2. $\dfrac{10}{3}.$

3. $\pi.$

4. $-2\pi.$

5. $-2.$

11.3

1. $\dfrac{\pi}{2}.$

2. 6π.

3. $\pi - 2$.

4. 0.

5. $\dfrac{\pi^3}{3}$.

6. 0.

11.4

1. (1) $\iint\limits_{\Sigma} \mathrm{d}S$；(2) $\dfrac{\pi}{2}a^4$；(3) $4\sqrt{3}$；(4) $\dfrac{\sqrt{3}}{2}$；(5) 0.

2. 2π.

3. $\dfrac{\sqrt{2}}{2}\pi$.

4. $\dfrac{\pi a^3}{4}$.

5. 30π.

6. $\dfrac{2}{3}\pi(3\sqrt{3}-1)$.

11.5

1. (1) $-\dfrac{2}{3}\pi$；(2) $\dfrac{16}{3}\pi$.

2. 2.

11.6

1. $\dfrac{2}{15}\pi a^5$.

2. $6a^3$.

3. $-\dfrac{1}{3}$.

4. $-\dfrac{1}{2}\pi h^4$.

第十一章习题课

1. (1) π；(2) $4\pi a^4$；(3) 0.

2. (1) D；(2) A.

3. $\dfrac{\pi}{2}$.

4. 0.

5. $\dfrac{1}{4}(\mathrm{e}^{4\pi}-1)$.

6. π.

7. $\pi a\ln2$.

8. $\dfrac{1}{24}$.

9. 8π.

第十二章

12.1

1. (1) 充分；(2) 收敛；(3) $-\dfrac{1}{n(n-1)}$ ($n \geqslant 2$)，1；(4) 收敛，1；(5) 发散.

2. A.

3. (1) 发散；(2) 收敛.

12.2

1. (1) 收敛；(2) $\left(1+\dfrac{1}{n}\right)^n$，0，发散.

2. (1) B；(2) A.

3. (1) 发散；(2) 收敛；(3) 收敛.

4. (1) 收敛；(2) 发散；(3) 收敛；(4) 收敛.

5. (1) 绝对收敛；(2) 绝对收敛；(3) 绝对收敛；(4) 条件收敛；(5) 条件收敛.

12.3

1. (1) $[-3, 3)$；(2) $[-1, 1]$；(3) $[4, 6)$；(4) $(-1, 1)$.

2. (1) $\dfrac{x^2}{(1-x)^2}$，$-1 < x < 1$；(2) $-\ln(1+x)$，$-1 < x \leqslant 1$.

12.4

1. (1) $\sum\limits_{n=0}^{\infty} \dfrac{(\ln 2)^n}{n!} x^n$，$-\infty < x < +\infty$；(2) $2e - 2$.

2. A.

3. (1) $\ln 2 + \sum\limits_{n=1}^{\infty} (-1)^{n-1} \dfrac{1}{n} \left(\dfrac{x}{2}\right)^n$，$x \in (-2, 2]$；

(2) $\sum\limits_{n=0}^{\infty} (-1)^n \dfrac{2^{2n+1} x^{2n+1}}{(2n+1)!}$，$x \in (-\infty, +\infty)$；

(3) $\sum\limits_{n=0}^{\infty} (-1)^n x^{2n}$，$x \in (-1, 1)$；

(4) $\sum\limits_{n=1}^{\infty} (-1)^{n-1} \dfrac{x^{n+1}}{n}$，$x \in (-1, 1]$.

4. $\dfrac{1}{3} \sum\limits_{n=0}^{\infty} (-1)^n \left(\dfrac{x-3}{3}\right)^n$，$x \in (0, 6)$.

5. $\sum\limits_{n=0}^{\infty} \left(\dfrac{1}{2^{n+1}} - \dfrac{1}{3^{n+1}}\right)(x+4)^n$，$x \in (-6, -2)$.

第十二章习题课

1. (1) 2；(2) 1，$(-1, 1)$.

2. （1）发散；（2）发散；（3）收敛；（4）收敛.

3. 绝对收敛.

4. 收敛域 $(-1, 1)$, $S(x) = \dfrac{x}{1-x} - \sum\limits_{n=1}^{\infty} \dfrac{x^n}{n+1} = \begin{cases} \dfrac{1}{1-x} + \dfrac{\ln(1-x)}{x}, & -1 < x < 1, \ x \neq 0 \\ 0, & x = 0 \end{cases}$.